JOURNAL

D'UNE EXPÉDITION

ENTREPRISE DANS LE BUT D'EXPLORER LE COURS ET L'EMBOUCHURE

DU NIGER.

III.

IMP. DE DEZAUCHE, FAUB. MONTMARTRE, N 11.

Rives de la Querra

JOURNAL

D'UNE EXPÉDITION

ENTREPRISE DANS LE BUT D'EXPLORER LE COURS ET L'EMBOUCHURE

DU NIGER,

OU

RELATION D'UN VOYAGE SUR CETTE RIVIÈRE
DEPUIS YAOURIE JUSQU'A SON EMBOUCHURE;

PAR RICHARD ET JOHN LANDER;

TRADUIT DE L'ANGLAIS
PAR
Mme LOUISE SW.-BELLOC.

« Voir c'est avoir ! allons courir !
Vie errante
Est chose enivrante ;
Voir c'est avoir : allons courir !
Car tout voir, c'est tout conquérir. »
BÉRANGER.

TOME TROISIÈME.

PARIS,
PAULIN, LIBRAIRE-ÉDITEUR,
PLACE DE LA BOURSE.

1832.

JOURNAL

D'UNE EXPÉDITION

ENTREPRISE DANS LE BUT D'EXPLORER LE COURS ET L'EMBOUCHURE

DU NIGER.

CHAPITRE XVI.

Échange de canots.—Souliers de bois de Zangoshie.—Départ.—Difficulté d'obtenir des pagaïes.—La rivière au-dessous de Rabba.—Une nuit sur l'eau.—Les hippopotames.—L'île Dacannie.—Progrès du mahométisme.—Sites et rives du fleuve.—Ile de Gungo.—Canots des naturels.—Manque d'interprète.—Naturels de Gungo.—Danger que court le canot.—Village submergé.—Hauteur de la rivière.—L'île Fofo.—Méthode des Fellans pour lever les impôts.—Embouchure de la Coudonnia.—Arrivée à Egga.—Le chef d'Egga.—Curiosité du peuple.—Visiteur importun.—Craintes des bateliers.—Leur refus de poursuivre.

Vendredi, 16 *octobre*.—Ce matin, au point du jour, nous étions debout et à l'ouvrage, emballant nos effets, et disposant tout pour nous embarquer; mais un obstacle soudain et imprévu nous attendait. L'idée de nous donner un canot sur la foi de la promesse de paiement du prince des Fellans fit beaucoup rire Sa Majesté le roi des Eaux-Noires; il refusa même, d'abord, de nous rendre le nôtre, celui que nous avions eu à Patashie, et que nous avions gardé avec tant de peine et d'efforts. Après beaucoup d'importunités, nous le décidâmes cependant à nous le remettre, et nous y fîmes, au plus vite, transporter nos effets et nos provisions, quantité de riz, de grains, de garvanches ou pois chiches, et de miel.

Lorsque tout fut fini, comme nous allions partir, le vieux chef vint au bord de la rivière, sous prétexte de nous dire adieu; mais, au fait, pour nous offrir un bateau plus spacieux et plus commode en échange du nôtre, si nous voulions consentir à escompter en plus dix mille cauris. Quelque dure que fût cette condition, il fallut bien l'accepter; car il nous était infiniment plus commode de réunir nos gens et nos bagages dans un même canot, et de parer ainsi aux accidens et au retard. Nous avions heureusement réalisé bon nombre de cauris par la vente de nos aiguilles à Rabba, et ayant encore une fois déménagé d'un canot dans l'autre, mon frère suivit le chef à sa hutte, où tous les gens de la maison étaient réunis autour d'un énorme tronc d'arbre en feu. Là, il lui compta les dix mille cauris, et revint ensuite me joindre au bord de l'eau.

Ainsi que les gens des basses classes, nous marchions pieds nus, mais, j'ai oublié de noter que les principaux habitans portent de larges souliers de bois, quand ils sortent pendant la saison pluvieuse, à cause de la nature spongieuse du sol. Cette chaussure consiste en une planche de la longueur du pied, d'une espèce de bois très-dur, soutenue et exhaussée à chaque bout par d'épais tasseaux. Une lanière en cuir, passée dans des trous pratiqués dans le bois, assujettit le gros orteil, et revient nouer en dessus; une autre, passant sur le coude-pied, affermit le talon.

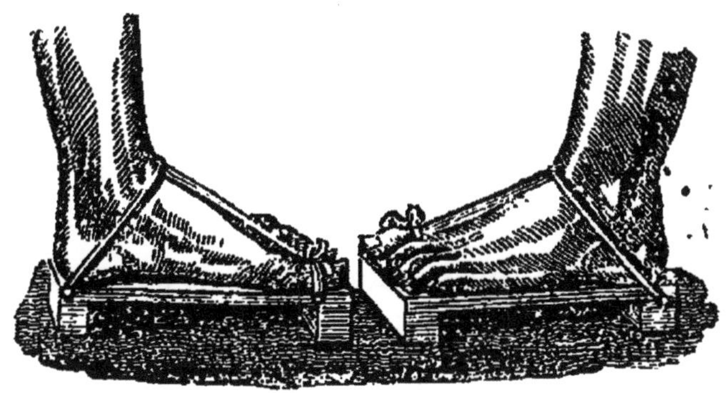

Les canots, d'une construction toute particulière, ressemblent beaucoup aux bateaux pontés d'Angleterre, mais ils sont parfaitement droits et à fond plat. Quoique creusés dans une seule pièce de bois, ils sont de grandes dimensions; celui que nous avons acheté a environ quinze pieds de long, sur quatre de large. Quand nos effets y eurent été transportés, nous nous aperçûmes qu'il n'était pas encore assez grand pour les contenir tous, et que, rapiécé en mille endroits, il faisait eau de toutes parts. Nous avions été indignement friponnés par l'artificieux roi des Eaux-Noires; mais, plutôt qu'entamer une dispute interminable, et qui n'eût été qu'un ennui de plus, nous aimâmes mieux ne rien dire, et fermer les yeux sur la fraude. La hâte et les embarras du départ nous avaient empêchés d'examiner notre emplète et d'en voir les défauts. Nous attendîmes fort long-temps un messager, qui devait nous accompagner pendant une petite partie du voyage, mais l'homme ne venant pas nous résolûmes de partir sans lui; et, à neuf heures du matin, nous prîmes congé du roi des Eaux-Noires, et des centaines de spectateurs qui nous regardaient du rivage. Après avoir tiré deux coups de fusil et poussé trois cris d'adieu, nous nous lançâmes sur la rivière, et fûmes bientôt hors de vue.

Malgré le dernier tour qu'il nous a joué, le vieux roi noir s'est conduit avec nous d'une façon hospitalière, et son peuple ne s'est pas montré moins obligeant. Nous ne pouvions nous attendre à plus d'égards, le premier élan de générosité et de plaisir une fois passé. Ce qui est violent est rarement durable ; et, si cette remarque est vraie pour nous, gens de l'Europe civilisée, elle s'applique encore mieux à ces peuples chez qui tout est caprice et premier mouvement.

C'est une chose inouïe que la peine que nous avons eue à obtenir des pagaïes pour notre canot; nulle part nous n'avons trouvé de gens disposés à nous en vendre, et, jusqu'à notre arrivée à Zangoshie, nous n'avons pu persuader à un seul des naturels de se défaire d'une pagaïe en notre faveur. Ils ne s'en dessaisiraient pas pour le monde entier, disaient-ils. Cette mauvaise volonté nous a forcés à recourir au vol; à Madjie, et dans quelques autres endroits, nous avons reconnu l'hospitalité des chefs, en envoyant, de nuit, et pendant que les habitans dormaient, nos hommes s'emparer de quelques-unes de ces précieuses pagaïes, qu'ils ont ensuite cachées sous des nattes, au fond d'un des canots; et, quoiqu'on nous ait, je crois, soupçonnés decette mauvaise action, on nous a laissés partir sans nous inquiéter. C'est, grâce à de pareilles ruses, que nous nous sommes trouvés en état ce matin, pour la première fois, de descendre le Niger sans l'assistance d'étrangers. Nous nous en sommes d'autant plus réjouis, que nous étions las d'être assujettis aux caprices d'un guide, ou d'un messager intéressé, qui arrêtait le canot partout où il lui convenait de descendre pour ses affaires ou son plaisir. Après avoir subi ces petites vexations, il est agréable de redevenir son maître.

Nous perdîmes bientôt de vue Zangoshie; mais, quoique voguant avec assez de rapidité, Rabba nous apparut long-temps. D'abord, nous nous crûmes poursuivis par plusieurs canots qui venaient derrière nous, à force de rames; c'étaient les embarcations qui servent aux naturels à trafiquer d'un lieu à l'autre, et elles suivaient leur route accoutumée. La largeur du canal, entre Zangoshie et Rabba, n'est pas de plus de deux milles. Il court dans une direction Sud-Est. Nous suivîmes en partant le rivage de l'île, du côté de Rabba, pendant environ vingt minutes, jusqu'à ce que nous en eussions atteint la pointe. La rivière coulait alors vers l'Est, et sa largeur paraissait d'environ quatre milles.

Un peu avant dix heures, nous vîmes de loin une foule de canots passant et repassant d'un bord à l'autre, chargés de passagers et de chevaux, qu'ils transportaient sur la rive qui dépend du royaume de Yarriba. On nous dit que toute cette foule allait au marché d'Alorie. C'est le même lieu qu'on nous a désigné comme étant au Sud-Ouest de Katunga. Deux chaînes de petites collines, presque parallèles, s'étendaient sur les deux rives aussi loin que l'œil pouvait atteindre. Elles ne semblaient éloignées du bord que de cinq milles environ. Nous passâmes au pied d'une haute et large colline, de forme conique. Elle était complètement détachée de la chaîne, et s'élevait brusquement à quelques pas de l'eau. Les bords de la rivière étaient extrêment plats, marécageux; des parties semblaient inondées, car des têtes d'arbres et d'arbustes sortaient de l'eau en plusieurs endroits.

En avançant, nous découvrions des villes, grandes et petites, mais toutes sur des terrains extrêmement bas, ce qui leur donnait une apparence écrasée, chétive et misérable. Outre le poisson, les habitans se nourrissent de riz, et en cultivent une grande quantité. Ces plantations sont maintenant presque toutes submergées.

Quelques-unes sont à trois ou quatre milles d'une habitation humaine.

Nous n'avions fait halte nulle part sur la rivière, pas même pour nos repas, nos hommes laissant le canot glisser avec le courant, tandis qu'ils mangeaient. A cinq heures de l'après-midi, tous se plaignirent de fatigue, et nous commençâmes à regarder autour de nous, pour chercher un lieu de débarquement où nous pussions nous reposer un peu ; mais nous n'en trouvions point : passé cette heure-là, tous les villages que nous apercevions étaient malheureusement situés derrière d'immenses marais et de bourbeuses fondrières, à travers lesquels, après beaucoup d'efforts et de fatigantes tentatives, il nous fallut renoncer à pénétrer. Trois heures se passèrent à tâcher d'aborder à quelque village ; mais, bien que nous en vissions plusieurs distinctement de la rivière, les marais nous empêchaient d'en approcher. Bon gré malgré, nous continuâmes notre course. Dans la journée, nous avions vu plusieurs belles îles, toutes cultivées et habitées, quoique basses et plates. La largeur de la rivière variait beaucoup. Quelquefois elle semblait avoir deux ou trois milles, quelquefois le double. Le courant nous emportait rapidement, et nous jugions devoir faire trois à quatre milles à l'heure.

La direction était presque toujours à l'Est.

La journée avait été excessivement chaude, et le soleil, se couchant dans toute sa gloire, lançait jusqu'au Zénith des rayons teints des plus radieuses couleurs. Néanmoins, l'aspect du ciel, tout admirable qu'il était, annonçait un prochain orage. Le vent sifflait à travers les hautes tiges des joncs, et l'obscurité enveloppait la terre comme d'un réseau. Plus impatiens que jamais de débarquer, n'importe où, de nous abriter pour la nuit, sinon dans un village, du moins sous un arbre, nous essayâmes de remonter le courage abattu de nos hommes, en leur donnant l'exemple, et nous nous mîmes à ramer. Le canot descendait silencieusement le courant avec une merveilleuse vitesse. Nous gouvernions à la vive lueur des éclairs qui, se réfléchissant continuellement dans l'eau, nous permettaient de distinguer et d'éviter les nombreuses petites îles dont la rivière est semée. De temps en temps, nous apercevions, tout près de nous, les lumières de lampes, brûlant dans des huttes de très-bonne apparence; nous entendions distinctement les voix des habitans; mais tout effort, toute tentative pour arriver jusqu'à eux, venaient échouer dans ces impénétrables marais, labyrinthe de jonc, de roseaux et d'immenses plantes aquatiques. Quelques-unes de ces lumières, après nous avoir long-temps attirés à leur poursuite, s'effaçaient tout à coup, et s'évanouissaient à nos yeux comme des feux follets; d'autres dansaient autour de nous sans que nous pussions savoir où ni comment. Entrés dans une petite crique enfin, après avoir lutté pendant une demi-heure contre le courant, qui était extraordinairement rapide dans ce petit canal, au moment où nous croyions approcher d'un village, au fond de la petite baie, d'où nous présumions que venait un cours d'eau, affluent du Niger, tout à coup village, lumières, tout disparut, les sons de voix cessèrent; et, près d'aborder, nous ne trouvâmes plus ni hutte, ni plage, tout était sombre, lugubre, solitaire. On eût dit un rêve, on eût dit un enchantement.

Nous avions ramé le long des bords pendant plus de trente milles, examinant attentivement chaque pouce de terrain, sans pouvoir découvrir un seul espace sec et assez ferme pour soutenir notre poids. Nous résignant donc à la nécessité, nous avons mangé un peu de riz froid et de miel, bu de l'eau de la rivière, et laissé le canot suivre le courant, nos hommes étant trop épuisés par la fatigue et les efforts du jour, pour travailler davantage. Mais un nouveau fleau, contre lequel nous n'étions pas préparés, est venu nous assaillir. Un nombre incroyable d'hippopotames se sont élevés sur l'eau, très-près de nous; et nageant, hennissant, plongeant tout autour du canot, nous ont mis dans un imminent danger. Dans l'espoir de les effrayer nous avons tiré un ou deux coups de feu. Mais, le bruit n'a servi qu'à faire sortir de l'eau et des marais le double peut-être de leurs monstrueux compagnons; et nous nous sommes trouvés cernés de plus près encore qu'auparavant. Nos gens, qui, de leur vie, n'avaient été exposés en canot à la rencontre de ces formidables animaux, tremblaient de peur et pleuraient à chaudes larmes. De terribles coups de tonnerre, éclatant au-dessus de nos têtes, et l'effrayante obscurité qu'entrecoupaient les vifs et rapides éclairs qui perçaient la nuit noire, accrurent encore leur terreur. Ils nous disaient que les hippopotames faisaient souvent chavirer des canots, et qu'alors il n'y avait pas de salut possible. Pendant qu'ils parlaient ces monstres étaient si près de nous, que nous eussions pu les toucher de la crosse de nos fusils. Quand je fis feu sur le premier, et je crois que le coup porta, tous, s'élançant à la surface, nous poursuivirent si vite, du côté de la rive Nord, qu'il nous fallut les plus vigoureux efforts pour maintenir quelque avance sur eux. L'explosion d'un second coup de fusil fut suivie d'affreux hurlemens, mais qui semblaient s'éloigner. Nous avions dans l'équipage deux hommes du Bornou, qui ne perdaient pas la tête d'épouvante comme les autres, parce qu'ils avaient vu beaucoup de ces énormes bêtes sur le lac Tschad, où l'on dit qu'elles sont en grand nombre.

Cependant, ces terribles hippopotames ne nous firent auçun mal. Il est probable que nous les avions dérangés tandis qu'ils se vautraient dans le marais, ou jouaient à la surface de la rivière où l'orage les avaient appelés. S'ils eussent renversé notre canot, nous aurions payé cher cette rencontre.

Bientôt après, nous distinguâmes, au Nord de la rivière, une levée; sur laquelle je proposai de descendre et de faire halte pour la nuit, car je désirais vivement mettre le pied sur la terre ferme. Cependant, personne n'y voulut consentir; nos gens disant que, s'ils n'étaient tués par le *Gewow Roua* ou *éléphant d'eau*, ils seraient certainement la proie des crocodiles avant le matin; et j'ai pensé, en effet, depuis, que si nous eussions cédé à la tentation, nous aurions fort bien pu être dépecés comme les Cumbriens des îles, près de Yaourie. Notre canot n'est que juste assez grand pour nous contenir tous assis, de sorte que nous n'avons point de chance de pouvoir nous étendre. Si, à Rabba, nous avions pu réunir trente mille cauris, nous en aurions eu un pour ce prix, qui nous eût tenus tous fort à l'aise, dans lequel nous aurions pu vivre tout-à-fait, ne débarquant que pour nous approvisionner; et jetant l'ancre la nuit, après avoir navigué tout le jour.

Notre équipage s'obstinant à ne pas débarquer, nous avons continué de voguer au gré du fleuve. A l'Est, l'horizon devenait de plus en plus sombre, et jamais éclairs plus fourchus et plus éblouissans n'ont déchiré nuées plus noires. A onze heures, la brise fraîchit, et à minuit la tempête était dans toute sa force. Dans sa furie, le vent fouettait les vagues, et les lançait par dessus les bords de notre canot, qu'elles menaçaient de remplir rapidement. Ballotée en tous sens, notre frêle petite barque devenait ingouvernable. Enfin, nous gagnâmes un banc de terre, qui nous protégea un peu; et nous fûmes assez heureux pour saisir au passage les branches d'un arbre épineux, contre lequel nous étions poussés, et qui croissait presqu'au centre du courant; nous y amarrâmes fortement le canot; et nous enveloppant de nos manteaux, car nous étions rendus de lassitude, nous essayâmes de dormir, bien que forcés, faute de place, de laisser pendre à-demi nos jambes jusque dans l'eau, sur les côtés de la barque. Il y a, je crois, dans une tempête quelque chose qui dispose au sommeil; du moins, celle-ci eut cette influence sur mon frère; car, le tonnerre eut beau gronder, le vent faire rage, la pluie battre notre visage, et notre canot, soulevé par les vagues, se balancer incessamment, il n'en dormit pas d'un sommeil moins profond. Le vent continua de souffler de l'Est avec une grande violence, jusqu'après minuit; puis il tomba tout-à-coup; et la pluie descendit par torrens, toujours accompagnée de coups de tonnerre et d'éclairs. Nous étions presque submergés; le canot se remplissait si vite, que deux hommes étaient continuellement occupés à vider l'eau pour le tenir à flot. Les hippopotames rôdaient autour de nous en mugissant, mais ils ne touchaient pas au canot.

La pluie continua jusqu'à trois heures du matin le 17, puis le ciel redevint pur, et nous vîmes les étoiles scintiller comme des diamans au-dessus de nous. Il faisait assez clair pour distinguer les objets, et continuant à descendre la rivière, nous atteignîmes, au bout de deux heures, un insignifiant petit village de pêcheurs, appelé *Dacannie*, où nous prîmes terre, à notre grande satisfaction. Avant d'aborder à cette île, nous avions dépassé plusieurs grandes villes et villages; mais n'apercevant aucun naturel hors des huttes, nous craignîmes de commettre une imprudence en nous arrêtant à une heure si matinale. Il y avait chance que notre débarquement alarmât la population, et qu'elle nous prît pour une bande de voleurs, ou de *Jacallis*, comme on les nomme sur ces rives. On eût pu s'armer contre nous, et nous faire courir de graves dangers; toutes ces considérations nous avaient engagés à poursuivre, malgré notre vif désir de débarquer.

D'après notre calcul, nous avions dû faire cent milles environ, pendant notre navigation du jour et de la nuit. La direction du fleuve était presque toujours à l'Est. Dans plusieurs endroits, et durant un intervalle considérable, le Niger offrait un aspect magnifique, et semblait n'avoir guère moins de huit milles de large.

Dimanche, 17 *octobre*. — Après avoir séché, nous et nos habits mouillés, devant de grands feux que nous avions allumés exprès, nous nous sommes assis au pied d'un arbre pour y faire un maigre repas de riz et de miel. Pendant ce frugal déjeûner, le messager qui devait partir avec nous de Zangoshie, arriva dans un canot à lui. Il nous dit avoir suivi nos traces toute la nuit; il avait entendu nos coups de feu, mais quoiqu'il eût ramé de toutes ses forces pour nous atteindre, il n'avait pu en venir à bout. Les hippopotames l'avaient harcelé de même que nous, et lui avaient causé beaucoup d'inquiétude et d'ennui, mais sans avoir fait le moindre dommage à son canot.

Nous avons trouvé ici plusieurs Mallams mahométans, envoyés par le chef de Rabba pour instruire les naturels dans la foi mahométane. L'île est peuplée de pêcheurs nyffëens, race douce et inoffensive. Il y a quelques semaines qu'on les a obligés à abjurer leurs divinités païennes pour le Koran. C'est un des effets des conquêtes des Fellans dans le pays; partout où ils règnent ils propagent le mahométisme. Par suite de l'abdication d'Edérésa en faveur de Mallam Dendo, ses sujets sont devenus mahométans, et cette croyance s'étendra bientôt dans tout le Yarriba.

Les Mallams ont été fort civils et fort attentifs pour nous. Ils ont ordonné aux naturels de nous trouver du bois pour faire du feu, et d'en apporter au lieu où nous campons. En reconnaissance de ces services, nous leur avons fait présent de quelques aiguilles.

Il était de neuf à dix heures du matin quand le guide nous a priés de prendre les devans, promettant de nous suivre au bout de quelques minutes. Nous avons acquiescé à cet arrangement avec d'autant plus de plaisir, qu'un messager ou guide est un fort maussade compagnon; sournois, quand on le contrarie, et empressé de s'arrêter à tous les misérables villages où il croit pouvoir lever une dîme sur les habitans.

A dix heures, nous découvrîmes plusieurs montagnes, dont trois en forme de pains de sucre; de plus petites les entouraient. Elles étaient situées au Nord-Est, à peu de milles de l'extrême bord de la rivière. Bientôt nous en aperçûmes d'autres, plus pittoresques encore; mais celles-là étaient fort élevées, et si loin à l'horizon qu'à peine les distinguions-nous de faibles nuages bleus. Il y en avait qui faisaient table, d'autres formaient des cônes parfaits, et d'autres encore avaient les aspects les plus grotesques. Autant que nous en pouvions juger, elles faisaient partie d'une longue chaine.

Le messager que nous avions laissé en arrière, à Dacannie, nous a trop tôt rejoint, et nous avons fait route de compagnie jusqu'à deux villes, d'une étendue prodigieuse, assises de chaque côté de la rivière, au bord de l'eau, et juste en face l'une de l'autre. La rive était bordée de canots. Le guide manifesta l'intention d'aborder à celle de droite, et tâcha de nous décider par une foule de promesses, à l'y accompagner; mais nous refusâmes formellement, ayant résolu d'économiser de notre mieux toutes nos ressources. Connaissant bien, d'ailleurs, le nombre et l'avidité des « personnages importans » qui peuplent les grandes villes d'Afrique, craignant les retards et mille inconvéniens, nous avions pris le parti, à moins que les circonstances ne nous forçassent à nous écarter de ce plan, de ne débarquer que dans de petits hameaux, où nous pourrions agir à notre guise, sans être comptables de nos actions aux puissans de la terre, blancs ou noirs.

En conséquence, nous prîmes encore une fois congé du messager de Zangoshie, qui convint de nous suivre, comme il l'avait déjà fait, et une heure après, vers le milieu du jour, nous abordâmes à un petit village, situé sur une île appelée *Gungo*. Les rives étaient devenues hautes et bien cultivées. Sur notre droite, nous avions laissé plusieurs villes et villages; sur notre gauche, les montagnes dont j'ai déjà parlé.

Les palmiers croissaient en abondance, et les villes et villages apparaissaient tous les deux ou trois milles. Nous vîmes passer plusieurs centaines de grands canots, ayant une hutte au milieu. Les uns traversaient d'un bord à l'autre, tandis que quelques-uns suivaient le cours de la rivière, en côtoyant les rives. La plupart paraissaient contenir des familles entières. Tandis que les hommes ramaient, les femmes et les jeunes filles chantaient en s'accompagnant d'une espèce de guitare; et leurs voix délicates et flutées produisaient une harmonie douce et agréable. Quand nous passions près d'un de leurs canots, la musique cessait tout à coup, et ils s'écriaient à plusieurs reprises : «*Ki, ki, ma neni acca chiken zhilagi!*» leurs traits et leurs gestes exprimant l'étonnement le plus vif. Paskoe nous traduisit ces paroles, par «*Oh! oh! que vois-je dans ce canot!*» *Ki, ki* est évidemment une exclamation de surprise, qui n'est guère traduisible que par oh!.. oh!.. mais notre interprète nous donna dans la traduction son exclamation favorite (1). Nous nous contentâmes d'avoir entrevu de loin ces jeunes filles à visage d'ébène, et continuâmes notre voyage. Tout le côté de la

(1) Oh dear! oh dear! what do I see in that canoe?

rivière qui dépend du Yarriba, est déserté par les naturels, qui ont fui dans l'intérieur, laissant les Fellans paisibles possesseurs de leurs villes et de leurs villages.

Près de l'île où nous avons pris terre, la rivière décrit une légère courbe au Sud-Est, le courant continue à être très-rapide, et la largeur du Niger varie de trois à cinq milles. L'île, qui se trouve presque au milieu du fleuve, a environ un mille et demi de circonférence. Ici, pour la première fois depuis notre départ de la côte, nous n'avons pu nous faire comprendre; et cependant, nous parlons entre nous tous cinq différentes langues de l'Afrique, mais le langage du Haoussa, ni aucun de ceux que nous savons, n'est entendu des habitans. Nous avons eu recours aux signes, et les naturels ont enfin compris que nous voulions quelque chose à manger, et une hutte pour y passer la nuit. On nous en a de suite offert plusieurs à notre choix, toutes également humides et misérables, le village étant sur un terrain fort bas, et en partie inondé par la rivière. Cependant nous avons pris possession d'une case en osier, plutôt pour jouir du frais que pour tout autre avantage, car elle est construite au milieu d'un marais, et un ruisseau d'eau venant du Niger la traverse, et coule sur une moitié du plancher; la partie qui n'est pas envahie par l'inondation a été nétoyée pour nous, et nous y sommes passablement établis. On nous a apporté une grande terrine de blé bouilli, et une autre de poisson, avec environ dix livres de viande d'hippopotame. Nous nous sommes fort bien arrangés des deux premiers mets, mais la viande n'étant que de la graisse, nous l'avons donnée à nos gens. Notre délicatesse les a fort amusés, ils nous assuraient n'avoir jamais goûté de meilleure viande; la chair d'hippopotame est ici la principale nourriture des habitans.

Les naturels de Gungo semblent doux, inoffensifs et paisibles. Ils vivent de pêche, et échangent du poisson avec leurs voisins, contre du blé et des ignames. Au coucher du soleil, nous avons eu la visite de toute la population de l'île, montant à une centaine de personnes, tant hommes que femmes et enfans, décemment vêtus, et conduits par leur chef, vieillard vénérable. Il portait le costume mahométan; il fit ranger la foule, et la fit asseoir avec beaucoup d'ordre autour de notre hutte. Ils gardèrent cette posture environ une heure, satisfaisant leur curiosité en nous regardant, et s'adressant mutuellement des observations, tandis que leurs physionomies exprimaient beaucoup de plaisir et de surprise. De notre côté, nous ne pouvions leur parler que par signes. Les hommes ne se montraient point alarmés, mais les femmes, et de jolis petits enfans à joues rebondies (car un enfant, quoique nègre, a de la grace et du charme) semblaient effrayés de nos figures blanches, et se cachaient le visage, fort aises de s'en aller le plus tôt possible. Avant notre départ, nous leur distribuâmes deux cents aiguilles, qui furent reçues avec beaucoup de reconnaissance et de joie.

Lundi, 18 *octobre*. — Ce matin, ciel sombre et nuageux. Un peu après six heures, comme nous nous disposions à partir, le chef est venu au bord de l'eau nous apporter, en reconnaissance de notre visite, un morceau d'hippopotame, dans une calebasse blanche et fort propre. Ce don a été très-goûté de nos gens qui estiment cette viande une grande friandise. Nous avons offert au chef une centaine d'aiguilles, et aux jeunes filles qui nous avaient apporté des provisions, quelques colliers de verroteries. Elles ont paru ravies, et je ne doute pas que notre visite n'ait fait une impression vive et durable sur l'esprit de ce simple et bon peuple. Après avoir lu haut la prière, coutume que nous n'avons jamais négligée ni soir, ni matin, nous avons dit adieu au chef de Gungo et à ses sujets, assemblés sur la plage pour nous voir encore. Lorsque notre canot à laissé la rive, tous ont levé les mains en l'air, nous souhaitant un heureux voyage.

Il n'y avait pas plus de demi-heure que nous étions sur l'eau, quand le vent a fraîchi, et doublant bientôt de violence, il a agité le fleuve comme une mer; notre petit esquif, pareil à une coquille de noix, montait et descendait sur les vagues. Il tombait une grosse pluie qui nous trempait jusqu'aux os, et remplissait à moitié notre canot. Nous étions alors au milieu de la rivière, et en danger d'enfoncer à chaque instant. Nos hommes faisaient d'incroyables efforts pour gagner les joncs qui bordaient la rive droite, afin que nous pussions nous y tenir, jusqu'à ce que le vent et la pluie fussent abattus, et que l'eau fût redevenue calme. Le vent était contre nous, l'eau dans une agitation continuelle, et notre fragile petit vaisseau reçut, selon l'expression des marins, « plus d'un coup de mer. » Nous venions enfin de pénétrer dans le marais, et nous nous félicitions de cette délivrance, lorsqu'à notre grande terreur, un effroyable crocodile, d'une grosseur monstrueuse, s'élança de son repaire, tout près de notre canot, et plongea dessous avec une étonnante violence; nous l'avions évidemment troublé dans son sommeil. C'était le plus gros crocodile que j'aie jamais vu; s'il eût touché notre barque, il l'eût infailliblement renversée. La pluie, jointe à l'eau qui nous arrivait par-dessus bords, remplissait le canot, au point qu'il nous fallait employer constamment trois personnes à le vider. Le gros temps ayant enfin cessé, nous quittâmes notre retraite vers huit heures et demie, pour reprendre le fil de l'eau.

Vers dix heures, nous étions en face d'un grand village, situé sur une île plate et basse. A cet endroit, le courant passait, avec toute l'impétuosité d'un torrent, sur un large banc de sable; malgré tous nos efforts pour résister, nous ne pûmes maîtriser le canot, il fut emporté avec une irrésistible vîtesse, et en moins de deux minutes, il frappa contre le toit d'une hutte, qui était sous l'eau. Le choc fut si rapide et si violent, qu'un de nos hommes fut lancé par-dessus bord; les autres, plus heureux, se cramponnèrent aux branches d'un arbre. Le courant étant très-peu profond, malgré son excessive rapidité, l'homme put regagner le bateau; il avait eu plus de peur que de mal. Le village est à peu près balayé ou couvert, à l'exception d'une douzaine de maisons, tant les eaux sont hautes. Nous vîmes un grand nombre de canots occupés à recueillir les habitans pour les transporter en terre ferme.

A Zangoshie, on nous avait fortement recommandé d'aborder à une grande et importante ville marchande, nommée *Egga*, et qu'on nous dit être à trois journées en descendant le Niger. Le guide ou messager qu'on nous avait donné, devait nous y accompagner, mais depuis hier, nous n'avons pas entendu parler de lui, et ne l'avons pas revu. On dit qu'au-delà d'Egga, les Fellans n'ont plus d'influence, et que, passé cette ville, les bords du Niger sont habités par différentes races, moins douces, moins humaines et moins civilisées que les Noufanchies ou Nyffēens. Nous étions parvenus jusque là sans guide, parce qu'il n'avait pas plû à ce dernier de nous accompagner, et parce que nous ne voulions pas consentir à l'attendre. Mais ici, nous jugeâmes prudens de prendre des renseignemens sur cette ville d'Egga, dont on nous avait parlé, de peur de la dépasser sans la voir; et si pareille chose nous fût arrivée, je crois qu'il nous eût été impossible de remonter contre le courant. Nous approchâmes donc du village, criant et appelant, de toute la vigueur de nos poumons, les habitans que nous voyions aller et venir dans les rues, ayant de l'eau jusqu'aux genoux; mais ils étaient à une trop grande distance du canot; ou trop préoccupés de leurs propres affaires; il est probable d'ailleurs qu'ils ne comprirent pas nos questions, et de notre côté nous n'entendions pas leurs réponses. Cependant deux ou ou trois prêtres Mallams nous firent savoir, tant bien que mal, que le Niger était plus gros que de coutume cette année, qu'il avait franchi ses limites naturelles, et emporté une portion considérable de leur village; ce qui était évident par le grand nombre de carcasses de huttes que nous avions vu enfoncées dans le sable; leurs toits circulaires faisant dans la rivière l'effet le plus singulier. Ce qui reste maintenant du village, est plus d'à moitié sous l'eau, et la détresse des malheureux habitans doit être grande.

Voyant que nous ne pouvions tirer d'eux aucune autre information, nous nous sommes éloignés, et bientôt après, nous étions par le travers des montagnes remarquables qu'hier nous avions vues devant nous, elles paraissaient maintenant avoir le sommet plat et en forme de table, et semblaient très-près de la rivière; une ou deux donnaient l'idée de la plus complète stérilité; d'autres étaient couvertes d'une végétation chétive et rabougrie; d'autres enfin étaient fertiles, et cultivées en blé presque jusqu'à la cîme; à leurs bases s'étendaient de charmans villages, délicieusement situés, et embellis de beaux et grands arbres.

Comme nous avancions, nous observâmes une montagne fort éloignée à l'Est, qui se terminait en un immense dôme. A midi, nous nous arrêtâmes à une petite île, pour y demander des renseignemens sur Egga; mais tout ce que nous pûmes savoir, c'est que cette ville était située beaucoup plus loin.

A quatre heures de l'après-midi, nos hommes se plaignant de fatigue et d'épuisement, nous abordâmes dans une petite île, appelée *Fofo*, où nous résolûmes de coucher. La rivière avait aujourd'hui beaucoup de sinuosités; son cours général était Sud-Est et Est-Sud-Est, et sa largeur variait de deux milles jusqu'à six.

Comme nous venions de débarquer, un homme nous accosta. Il arrivait, disait-il, de Funda. Il affirme qu'il y a trois jours de marche des bords du Niger aux frontières de ce royaume; et que la capitale, qui porte le même nom, est à la même distance dans l'intérieur des terres. Si cette information est juste, une visite à Funda est pour nous chose impraticable, car nous sommes sans chevaux et sans moyen de nous en procurer. D'ailleurs, il y aurait de la folie à vouloir pénétrer si loin à travers le taillis dans notre état actuel de faiblesse et de langueur. Enfin, quels présens aurions-nous à offrir au roi?

Ce soir, pour la première fois depuis notre départ du Yarriba, nous avons vu une noix de coco, et cette circonstance nous a fait un plaisir extrême. Nous nous sommes informés d'où elle venait; on nous a répondu qu'elle avait été apportée d'un pays près de la mer, à sept journées de Fofo.

La soirée était fort avancée, et aucune hutte n'avait encore été préparée pour nous recevoir, à cause, disait-on, de l'absence du chef; mais, à son retour dans le village, il ne montra pas plus d'hospitalité et de bienveillance. Pendant la journée, nous avons vu beaucoup d'hippopotames, et plusieurs canots de grande dimension. La consternation des naturels, à notre aspect, était extrême; ils restaient à nous regarder d'un air stupide, sans songer à s'enquérir de nos besoins, ni à nous proposer une hutte et quelque chose à manger. Il y avait une heure que nous subissions leur examen, et que nous étions l'objet de leurs remarques, quand deux messagers de Rabba sont venus nous dire que, puisqu'aucun des naturels de Fofo ne nous offrait une hutte, nous serions bien venus à prendre la leur. Charmés de nous mettre sous leur protection, nous avons accepté avec empressement. Aussitôt notre installation, on nous a apporté trois grandes calebasses de gâteaux faits avec du maïs, et frits dans de l'huile de palmier. Ces dons, qui venaient si bien à point, nous étaient envoyés par les femmes, qui semblent prendre à nous beaucoup plus d'intérêt que les hommes.

Le chef s'est tenu à l'écart, étant fort en peine dans ce moment de réunir assez de cauris pour payer l'impôt annuel dû à la ville de Rabba, et que les messagers sont ici pour prélever. Il est d'usage d'accorder un certain nombre de jours, mais, si à l'expiration de ce temps le tribut n'est pas payé, l'envoyé guette une occasion favorable et enlève un ou deux habitans, qui, amenés au marché de Rabba, y sont vendus comme esclaves. Le produit de la vente paie la taxe. Nous avons vu pratiquer la même coutume à Lever, même après le paiement de l'impôt.

Nous avons dépassé plusieurs îles aujourd'hui. La rive du côté du Nyffé est haute et montueuse, mais bien cultivée : il y a sur les deux bords nombre de villages et beaucoup de cultures.

Mardi, 19 *octobre*. — Après un léger déjeûner nous avons voulu reconnaître les attentions de nos *amies*, et nous leur avons donné un paquet d'aiguilles qui les a comblées de joie. Les messagers Fellans nous ont appris que nous devons ce matin passer devant la rivière *Coudounia*, la même que je traversai près de Cuttup, lors de la première mission. Grâce au cadeau de quelques boutons, nous nous sommes quittés fort bons amis. La matinée était nuageuse et terne; il tombait par moment des averses; mais le temps paraissant se remonter un peu avant huit heures, nous avons quitté l'île de Foſo. Quelques-uns des naturels de ces contrées se montrent aussi peu curieux de nous voir, que si nous étions tout aussi noirs qu'eux. Au bout d'une heure, nous passâmes devant l'embouchure d'une rivière assez considérable qui descendait du Nord dans le Niger. C'est sans aucun doute la Coudounia, que nous avaient annoncée les Fellans. Ce matin, les bords ont plus belle apparence que depuis plusieurs jours, mais sans aucun attrait de nouveauté. Des terres élevées apparaissaient de chaque côté de la rivière aussi loin que l'œil pouvait s'étendre. Il paraît que c'est une chaîne de collines qui court du Nord-Nord-Est au Sud-Sud-Ouest. A onze heures, nous avons touché à un grand village, pour nous informer d'Egga; là on nous a dit que nous n'avions plus beaucoup de chemin à faire.

Une heure après, nous avons aperçu, derrière un immense marais coupé de petits canaux et de criques, une grande et belle ville de plus de deux milles de longueur, située à environ trois milles des bords de la rivière. C'était Egga, tant cherchée; nous avons gagné le lieu de débarquement, en remontant une baie encombrée d'un nombre infini de grands et massifs canots, remplis de marchandises, et de toutes espèces de denrées du pays. Il y avait des huttes construites à bord, comme dans ceux que nous avions déjà vus. Tous avaient leurs proues barbouillées de sang, et des plumes y étaient fixées, comme charmes ou préservatifs contre les voleurs et les gens mal intentionnés.

Nous attendîmes quelques minutes avant de débarquer, personne n'étant allé porter au chef la nouvelle de notre arrivée. Un jeune Fellan nous invita le premier à prendre terre, et nous dépêchâmes Paskoe au gouverneur pour lui dire qui nous étions, et ce que nous voulions. Il revint de suite nous rapporter que le vieux chef rait charmé de nous voir, et nous nous mîmes en marche.

Au bout de quelques minutes, nous arrivâmes à la *Zollahe* ou *Hutte d'entrée*, dans laquelle se tenait le vieux chef, prêt à nous recevoir. Il était assis, les jambes repliées sous lui, sur une peau de vache tannée étendue à terre, fumant une pipe d'environ trois aunes de long, et entouré de beaucoup de Fellans et de plusieurs vieux Mallams. Nous fûmes reçus de la façon la plus amicale, et invités, comme marque particulière de distinction, à nous asseoir près de sa personne. Il nous regarda, avec la plus grande surprise, de la tête aux pieds, nous dit que nous étions des gens d'une mine fort étrange, et qui valaient bien la peine d'être vus. Après avoir rassasié sa curiosité, il envoya chercher toutes ses vieilles femmes, afin de leur donner le même plaisir; mais, comme nous commencions à nous fatiguer de notre rôle de bêtes curieuses, nous le priâmes de nous faire conduire à une hutte.

C'est un vieillard, à longue barbe blanche, de l'aspect le plus vénérable, et qui aurait l'air d'un patriarche, s'il ne riait, jouait et se divertissait comme un tout petit enfant. Une maison, « digne d'un roi, » selon ses propres expressions, fut promptement disposée pour nous, et quand il eut appris, avec beaucoup de surprise, que nous mangions les mêmes alimens que lui, il nous congédia. Avant le soir, ses femmes nous envoyèrent un bol de *tuah* et de graisse.

Nous fûmes bientôt persécutés des visites des Mallams et des épouses du chef; celles-ci nous apportant des noix de goura, en manière de salaire, pour nous voir. Quand la nouvelle de notre arrivée se fut répandue dans la ville, les gens accoururent par centaines à notre hutte pour regarder les blancs. Les Mallams et les rois nous avaient déjà honnêtement harcelés; mais c'en était trop d'une population toute entière : et nous fûmes obligés de barricader les portes, et de poster trois de nos hommes en faction pour tenir les curieux à distance. Voyant qu'ils ne pouvaient plus nous approcher, ils se dispersèrent au coucher du soleil, et nous laissèrent prendre en paix un repos dont nous avions si grand besoin.

Aujourd'hui, le cours de la rivière a presque toujours été Est-Sud-Est; sa largeur, depuis deux jusqu'à cinq et six milles.

Mercredi, 20 *octobre*. — Plusieurs des habitans d'Egga vendent des toiles et des draps de

Benin et du Portugal, ce qui rend probable qu'il y a une communication de ce lieu à la côte. Les naturels sont spéculateurs, entreprenans, et beaucoup emploient tout leur temps à trafiquer en descendant et en remontant le Niger. Ils vivent entièrement dans leurs canots, et le petit toit ou hangar qu'ils ont à bord, leur sert de demeure; ils y habitent comme dans des huttes. Les noix de coco se vendent en grande quantité dans les rues; et plusieurs personnes nous en ont envoyé de petits paquets. On nous dit qu'on les importe d'un pays voisin; on en fait grand cas ici.

Le chef est venu nous faire visite, ce matin, à huit heures, et nous a suppliés de permettre que ses femmes et les principaux de la ville fussent admis à nous voir. Nous n'avons pu refuser cette requête, et, en conséquence, toutes les dames, jeunes et vieilles, nous ont visités, apportant chacune des noix de goura ou quelque petit présent. Elles nous firent force questions, et restèrent beaucoup plus long-temps que nous ne l'eussions désiré, nos allusions à notre désir d'être seuls n'étant pas comprises. La chaleur est excessive : nos portes et nos fenêtres sont souvent bloquées par la foule, et notre hutte ne désemplit pas. A peine les femmes furent-elles parties, qu'une troupe d'hommes accompagnée d'un des gens du chef, fit son entrée : tout le jour s'est passé de la sorte.

La persuasion où sont les naturels que nous n'avons qu'à vouloir pour accomplir les choses les plus difficiles, nous a d'abord amusés, mais leur importunité est devenue des plus fatigantes. Ils nous demandent des charmes pour détourner les guerres et autres calamités nationales, des talismans pour s'enrichir, pour empêcher les crocodiles d'emporter les gens, pour pêcher tous les jours un plein canot de poissons ; cette dernière requête nous a été adressée par le chef des pêcheurs, avec un présent convenable, toujours offert à l'appui de la prière, et d'une valeur proportionnée à son importance. C'est ordinairement de la bière du pays, des noix de goura, des cocos, des limons, des ignames, du riz, etc.

La curiosité du peuple pour nous voir est si intense que nous n'osons faire un pas dehors ; et, pour avoir de l'air, nous sommes forcés de tenir tout le jour la porte ouverte, marchant et tournant autour de notre hutte, seul exercice qu'il nous soit permis de prendre, comme des bêtes féroces en cage. Les gens nous regardent fixement, avec des émotions de terreur et de surprise ; à peu près, comme on regarde en

Europe, les tigres d'une ménagerie. Si nous avançons du côté de la porte, ils reculent avec le plus grand effroi, et tout frémissans; mais, dès qu'ils nous voient à l'autre bout de la hutte, ils se rapprochent autant que leur crainte le leur permet, en silence et avec les plus grandes précautions. Un insolent Fellan, et un ou deux ennuyeux personnages, qu'il serait impolitique d'offenser, nous ont persécutés encore davantage. Ils nous poursuivent comme de mauvais esprits; entrent dans notre hutte le matin, quelque chose que nous puissions avoir à faire, s'installent sur nos nattes avec une incroyable effronterie, et ne nous laissent plus qu'à de très-courts intervalles, même long-temps après que nous sommes couchés.

Un « grand », un étranger d'importance nous a visités aujourd'hui : il déployait un luxe extraordinaire, et nous offrit un pot de miel, comme recommandation. Il portait une tobé de damas cramoisi, de larges pantalons de soie, une calotte et un turban rouges, et des pantoufles de maroquin de même couleur. Il nous apprit, sans en être prié, qu'il était l'agent envoyé par le prince de Rabba pour percevoir les tributs dus par les différens villages des bords du Niger; et que son rang ne le cédait en rien à celui du vieux chef d'Egga, et lui était même supérieur. C'était autant d'avertissemens pour obtenir un don en harmonie avec sa dignité. Cet homme, qui n'est ni plus ni moins que le principal collecteur d'impôts de Rabba, avait avec lui deux Fellans, à mine rusée, dont le rôle consistait à nous donner la plus haute idée de l'importance de leur compagnon. Ils ne parlaient de lui que dans les termes les plus louangeurs, nous disant qu'il était venu de fort loin tout exprès pour nous voir, et terminant son panégyrique par la demande d'un cadeau. Comme nous voulions réserver le peu de choses qui nous restaient pour récompenser des services utiles, nous résolûmes de ne rien donner à cet intrus. Je lui dis donc que nous étions pauvres, et n'avions rien à lui offrir qui fût digne de lui. Cependant, en souvenir d'amitié, je lui présentai un peigne pour sa barbe. Sur quoi, il regarda ses deux suivans, qui le regardèrent à leur tour, et nous dirent, au bout d'un moment : « Est-ce là tout ce que vous comptez donner à ce grand homme, qui est plus grand que le chef d'Egga lui-même ? » nous répondîmes affirmativement. Le grand homme jugea peut-être alors qu'il ferait mieux ses affaires tout seul, et il nous dit : « Si quelqu'un me demande ce que vous m'avez donné, que répondrai-je ? » Je répliquai fort tranquillement : « Dites que je vous ai donné un peigne, ou rien, comme il vous plaira. » C'était assez formel ; et après avoir douté long-temps, il fut enfin convaincu que nous ne voulions rien lui donner. Nous pensâmes d'abord que nous aurions dû ménager sa dignité, en lui apprenant nos intentions d'une manière plus délicate ; mais il prit congé de nous, sans avoir l'air trop vexé de notre refus, et nous ne le revîmes plus. L'influence des Fellans se fait à peine sentir ici, quoique la ville ait été pillée et brûlée par eux, il y a deux ans : on voit encore beaucoup de ruines.

Egga est d'une étendue prodigieuse, et sa population est immense. Comme presque toutes les villes des bords de la rivière, elle est souvent inondée, et, dans ce moment même, une grande portion est sous l'eau. Les naturels ont, sans doute, leurs raisons pour se bâtir des demeures dans des lieux qui nous paraissent si incommodes et si malsains. Le sol des environs de la ville se compose d'un terreau gras et noir, extraordinairement fertile, et qui produit abondamment, et presque sans culture, toutes les denrées nécessaires à la vie : aussi les provisions sont-elles en grand nombre et à très-bas prix. Les habitans mangent fort peu de viande et beaucoup de poisson, qui est aussi très-bon marché. On assure que les hyènes, qui se trouvent par bandes dans les bois voisins, sont si audacieuses et si avides, qu'elles ont emporté presque tous les moutons des habitans. Egga possède une plus grande quantité de canots, tant petits que grands, qu'aucune autre ville située plus au nord.

Jeudi, 21 *octobre*. — Quoique, à en juger par ses apparences extérieures, le chef d'Egga ait vécu au moins cent ans, il est encore actif; et au lieu d'avoir l'aigreur et le mécontentement qui accompagnent trop souvent la vieillesse, il est toute joie et gaîté. Il professe la religion mahométane, et a pour coutume de se lever long-temps avant l'aube, et de faire ses dévotions avec tous ses prêtres réunis autour de lui. Il récite ses prières d'un ton si haut et si perçant que nous pourrions suivre chaque parole de ce pieux exercice. Comme notre hutte est juste en face de la sienne, et distante de quelques pas seulement, il paraît décidé à ne nous point laisser de repos tant que nos portes sont fermées. Une fois ses devoirs de religion remplis, plusieurs de ses amis, doués d'une disposition tout aussi insouciante, et tout aussi joyeuse, se rassemblent dans sa hutte, s'y accroupissent en cercle autour du vieux chef, et passent le temps à fumer et à causer jusqu'après le coucher du soleil, ne se quittant que pendant quelques minutes, pour aller prendre leurs repas. Cette société de barbes grises, car ils sont tous vieux, rit de si bon cœur, et jouit de ses saillies avec tant d'expansion, qu'on voit invariablement les passans s'arrêter à l'extérieur de la hutte, écouter, et se joindre aux bruyans éclats de joie qui retentissent au dedans; si bien que du matin au soir nous n'entendons de ce côté-là que des tonnerres d'applaudissemens. J'imagine que cette gaîté n'est pas toujours vraie, et qu'on l'affiche quelquefois pour satisfaire la passion dominante du vieux chef. Les exemples de cet heureux naturel sont généralement assez rares. Les professeurs de mahométisme affectent, au contraire, la gravité et la tristesse du hibou; et quoiqu'ils ne comprennent pas plus leur propre croyance que les doctrines du christianisme, ils affichent un profond dédain pour tous les naturels qui ne sont pas de leur religion.

Le vieux chef voulait nous donner aujourd'hui un échantillon de son activité, et de la vigueur qu'il a encore. En conséquence, comme le soleil descendait à l'horizon, ses chanteurs, danseurs, musiciens, se sont assemblés autour de notre hutte, avec un grand concours de peuple qui venait admirer les talens de son roi. Le vieillard s'est avancé fièrement au milieu du cercle, d'un pas ferme, le sourire sur les lèvres, et, jetant sur nous un regard significatif, comme pour dire : « Maintenant, regardez-moi, homme blancs, et vous serez frappés de surprise et d'admiration. »

Gambadant sous le faix des années, et secouant ses mèches de cheveux blancs, il fit nombre de sauts et de cabrioles, au grand délice des spectateurs, dont les rires, seuls applaudissemens des Africains, chatouillèrent si fort la vanité et l'imagination du vieillard, qu'il fut obligé de s'aider d'une béquille pour continuer. Il alla encore un peu, clopin clopant; mais ses forces étant épuisées, il fut obligé de s'arrêter et de s'asseoir près de nous, sur le seuil de la hutte. Pour le monde entier il n'eût voulu nous laisser voir sa faiblesse. Tout haletant qu'il était, il tâchait de respirer bas, et de retenir son souffle bruyant et pressé.

Il fit une seconde tentative de danse et de chant, mais la nature ne seconda pas ses efforts, et sa voix faible et chevrotante s'entendait à peine. Cependant, les chanteurs et chanteuses, danseurs et musiciens, continuèrent leur bruyant concert, jusqu'à ce que, las de les regarder et de les écouter, et la nuit arrivant, nous les priâmes de se retirer, au grand regret du gai et frivole vieillard.

Nous avons l'intention de partir demain, quoique les anciens de la ville nous aient remontré qu'il serait fort dangereux pour nous d'aller seuls, prodiguant force paroles et conseils pour nous décider à y renoncer. Il ont promis, si nous voulions attendre encore trois jours, de nous donner pour escorte un convoi de canots marchands qui, à cette époque, doivent quitter Egga pour se rendre à un marché célèbre, nommé *Bocquâ*. Mais les attentions de notre vénérable patron commencent à se relâcher : il est trop absorbé par ses goûts et ses occupations favorites, pour songer beaucoup à nous et à nos besoins, surtout depuis qu'il a reçu son présent. De notre côté, nous trouvons difficile de conserver un caractère égal et doux, et une grande vivacité d'esprit, ayant fort peu à manger, et quelquefois rien du tout. Nous sommes donc résolus à nous embarquer demain à tous risques, sans avoir de guide pour nous accompagner. Nous avons foi en nous-mêmes, et d'ailleurs, les montagnes des naturels ne sont presque toujours que des taupinières.

La chef a sollicité de nous un charme pour empêcher les Fellans de jamais envahir de nouveau son territoire. L'allégeance du vieillard envers le roi du Nyffé nous paraît être purement nominale. Quand nous avons envoyé prévenir le chef de notre intention de partir demain matin, il nous a fait supplier de rester à Egga quelques jours de plus, les bords de la rivière étant habités, à ce qu'il déclarait, par des peuples qui ne valaient guère mieux que des sauvages, et pillaient tous ceux qui les approchaient. Il nous assura que ces peuplades n'étaient gouvernées par aucun roi, n'obéissaient à aucune loi, et que chaque ville était en guerre avec la ville voisine. Je lui demandai s'il voudrait envoyer un messager avec nous, mais il refusa, disant que le pouvoir des Fellans, et le sien propre, ne s'étendait pas plus loin sur la rivière; qu'Egga était la dernière ville du Nyffé, et qu'aucun de ses sujets ne trafiquaient au-delà. « S'il en est ainsi, » lui dis-je, « il n'y aura pas plus de danger pour nous à partir demain que tout autre jour, » et après cette conclusion, je le quittai.

J'allai de suite donner à nos gens l'ordre de

se préparer au départ, quand, à mon grand étonnement, tous, à l'exception de Paskoe et du mulâtre, refusèrent d'obéir. Je découvris alors que les habitans de la ville leur avaient fait des contes sur les dangers de la rivière, leur prédisant qu'ils seraient infailliblement égorgés, ou pris et vendus comme esclaves. Tout ce que je pus leur dire, ne les ébranla même pas. Je leur parlai une demi-heure, leur reprochant leur lâcheté, et ajoutant que la vie de mon frère et la mienne valaient bien les leurs. Enfin, ennuyés d'eux, et du peu d'impression que je faisais sur leur esprit, je leur dis de s'en aller de devant moi, et que nous nous passerions d'eux. Mais ils commencèrent alors à me demander leurs gages, ou un *livre* (c'est ainsi qu'ils nomment un bon ou billet à ordre), pour les toucher au Cap Coast, où ils comptaient retourner par la route que nous avions suivie. Je refusai obstinément, jurant que, s'ils jugeaient à propos de nous laisser ici, ils ne recevraient pas un liard; et qu'ils ne seraient payés qu'autant qu'ils descendraient la rivière avec nous. Ils s'indignèrent fort de cette condition, et allèrent touver le chef pour lui exposer l'affaire, et l'engager à nous retenir. Cependant, le vieux bonhomme ne voulut pas les entendre, et les envoya promener; de sorte qu'il y a chance qu'ils préfèreront venir avec nous, plutôt que de perdre leurs gages.

Nous nous sommes décidés, mon frère et moi, à satisfaire aujourd'hui la curiosité du peuple, et dans ce but nous nous sommes promenés deux heures hors de notre hutte. Les naturels ont été ravis de cette condescendance, et le plus grand ordre a régné, grace à deux vieux Mallams, chargés de faire éloigner ceux qui nous avaient vus, à mesure qu'il en arrivait d'autres. Le vieux chef avait le plus grand desir que tous ses sujets pussent jouir du spectacle, et la cérémonie s'est passée avec beaucoup de décorum. Nous lui avions donné à notre arrivée une paire de bracelets d'argent sur lesquels étaient gravées les armes du roi d'Angleterre. Il les portait aujourd'hui avec une évidente satisfaction. C'était un aussi grand objet de curiosité pour le peuple que pour le chef quand il les avait vus d'abord, et des centaines de gens se pressaient pour les regarder à ses poignets, fiers et joyeux de voir leur chef si brillant; ils vinrent même nous remercier de notre attention pour le vieillard.

Les habitans d'Egga sont fort proprement vêtus; une moitié de la population est mahométane, l'autre moitié professe le paganisme originaire. La ville a environ quatre milles de long sur deux de large. Le marais qui l'entoure est peuplé de crocodiles. Les rues sont fort étroites, et, comme la plupart de celles des villes où se tiennent de grands marchés, excessivement sales. Ils bâtissent leurs maisons tout près les unes des autres afin que les Fellans ne puissent pénétrer si facilement dans le centre, et courir partout à cheval massacrant les naturels. On dit que depuis long-temps ceux-ci s'attendent à une attaque. Le drap portugais, de qualité très-inférieure, que nous avons remarqué ici, à notre arrivée, y est apporté par la rivière, d'un endroit appelé *Cuttumcurrafi* : c'est un marché célèbre pour les toiles du Nyffé, le trona, les esclaves, les couteaux indigènes, brides, éperons, ornemens de cuivre, cuir teint, et autres articles. Les grands canots qui sont ici dans la crique ou port d'Egga apportent toutes ces marchandises du marché de Rabba.

CHAPITRE XVII.

Départ d'Egga. — Une mouette. — Aspect de la rivière. — Arrivée à Kacunda — Maître d'école mahométan. — Les naturels. — Le frère du roi. — Détails sur les habitans des rives au-dessous de Kacunda. — Demandes superstitieuses du roi et du peuple. — La rivière Tshadda. — Départ de Kacunda. — Précautions contre une attaque. — Une nuit sur la rivière. — Passage devant la Tshadda. — Le roi des oiseaux. — Effroi des naturels. — Situation périlleuse des voyageurs à Bocquà. — Renseignemens géographiques. — Départ de Bocquà. — Villes d'Atta et d'Abbazacca. — Départ d'Abbazacca. — Halte des voyageurs à Damuggou.

Vendredi, 22 *octobre*. — A six heures et demie, ce matin, nos gens, ainsi que je l'avais prévu, se sont mis à charger le canot, mais de la plus mauvaise grace du monde, sournois, grommelant, et pleins de sinistres prévisions. Cependant, la crainte de perdre leurs gages, ce qui serait certainement arrivé, s'ils eussent persisté dans leurs refus, l'a emporté sur leurs terreurs; et ils n'ont plus témoigné le moindre désir de rester à Egga. N'ayant personne pour les y protéger, il était possible qu'après notre départ on les fît esclaves : et cette considération avait sans doute aidé à les décider. Ils n'en ont pas moins pris leurs pagaïes de l'air le plus malheureux et le plus consterné, disant que nous allions les mener dans un pays où ils seraient tous massacrés. Après avoir vainement essayé de raisonner leurs terreurs, nous avons eu recours à la menace, et leur avons déclaré que nous les jetterions à l'eau, s'ils ne se tenaient tranquilles, et ne conduisaient le canot de leur mieux. Cette menace, et beaucoup d'autres, les ont enfin calmés, à notre grande satisfaction, car nous aurions eu beaucoup de peine à les remplacer, s'ils se fussent obstinés à rester.

A sept heures, tout étant prêt, nous avons dit adieu au vieux chef, dont la belle humeur nous a tant divertis, mais dont les femmes ont failli nous étouffer; et, quittant le petit port d'Egga, nous avons salué la ville de trois coups de mousquet. Plusieurs des principaux habitans sont accourus au bord de l'eau, pour nous donner leur bénédiction, et nous souhaiter un bon voyage. Nos hommes ramèrent d'abord avec mollesse, et le canot marchait si lentement, qu'à neuf heures nous avions à peine atteint le milieu de la rivière. Un peu au-dessous d'Egga, nous vîmes deux petites îles, fort belles, couvertes de culture, et assez peuplées : nous ne nous y arrêtâmes pas, et continuâmes de descendre le fleuve. Quelques milles plus loin, une mouette passa au-dessus de nos têtes; on n'imagine pas quelle émotion de plaisir nous causa la vue de cet oiseau. C'était une annonce du voisinage de la mer, une confirmation de nos espérances, une presque certitude que nous touchions au terme du voyage et de tant de fatigues. Nous vîmes aussi, pour la première fois, cinq à six grands pélicans blancs, qui voguaient gracieusement sur l'eau.

C'était par une belle matinée; nos cœurs se dilataient à mesure que nous glissions rapidement et doucement sur le courant profond. On nous avait prévenus à Egga que nous rencontrerions bientôt des canots, d'une construction toute autre que ceux que nous avions vus; que nous aurions à communiquer avec des tribus et des nations variées, différant complètement des peuples avec lesquels nous avions eu des relations jusqu'alors. Les Nyffêens nous avaient engagés à nous tenir sur nos gardes contre ces peuplades, qu'ils représentaient comme sauvages, sanguinaires et féroces; ils nous avaient aussi conseillé de nous défaire de notre étrange canot qui pouvait attirer la curiosité, exciter le soupçon, et par suite compromettre notre sûreté. Tout en faisant la part de l'exagération, nous croyons qu'il peut y avoir du vrai dans ces rapports, et sommes très-décidés à agir avec prudence.

Toute la matinée, les bords de la rivière se sont montrés en général bas et marécageux; de hautes terres apparaissaient au-delà, mais à quelque distance de l'eau, et de vastes marais s'étendaient dans l'intervalle. Le courant nous emporta au milieu de l'un d'eux avec une grande force, parce que nous avions passé trop près, et il nous fallut beaucoup de temps, d'efforts et de fatigues, pour nous en tirer. Les collines, vues le 19, paraissent suivre la même direction que la rivière qui court ici vers le Sud-Est. La rive occidentale est basse; une double chaîne de collines borde la côte orientale. Ces hauteurs semblent fertiles, et sont couvertes de verdure presque jusqu'au sommet. Pendant la navigation de l'après-midi, les bords devinrent plus fertiles, plus agréables et plus élevés. Dans la première partie du jour, nous avions découvert plusieurs villages, petits et misérables, presque ensevelis sous l'eau, ainsi que d'immenses plantations de riz fort éloignées de toute habitation : les têtes des plantes étaient seules visibles, et on n'apercevait aucun autre genre de culture. Cependant, à mesure que nous avancions, le sol devenait plus riche, plus fertile et le pays plus varié. A onze heures, nous dépassâmes une très-grande ville marchande, située à notre gauche, tout près du bord de l'eau, au pied d'une haute montagne, qui la dominait, et semblait prête à l'écraser de sa chute. Nous en demandâmes le nom à nos gens : ils l'ignoraient; et notre temps était trop précieux pour nous arrêter, bien que plusieurs bateaux, qui en venaient, passassent près de nous. Nous remarquâmes un nombre immense de canots, stationnés devant la ville, et construits sur le même modèle que ceux des rivières Bonny et Calabar. C'est un symptôme sûr de communication avec les peuples qui habitent sur ces points et une nouvelle assurance du voisinage de la mer. Quantité de ces embarcations allaient et venaient sur le fleuve; quelques-unes passèrent très-près de nous. Les équipages nous regardèrent avec étonnement, mais ne témoignèrent aucun désir de nous parler. C'est un ennui pour nous, qui pourra devenir plus tard un grave inconvénient, que de ne pouvoir converser avec ces peuples.

Pendant plusieurs milles, de grands villages ouverts et bien bâtis, séparés par des terrains couverts de verdure, ou préparés pour être ensemencés, se succédèrent presque sans relâche sur les deux rives, et principalement sur la rive orientale. La nature semblait ici avoir épanché ses faveurs avec plus de prodigalité. Cependant, nous n'abordâmes à aucun de ces endroits, si beaux à voir; et, poursuivant notre course jusqu'à ce que le soleil commençât à baisser, et que nos hommes se sentissent las, nous nous arrêtâmes pour la nuit dans un petit hameau, dont les habitans, inquiets de nos intentions, s'alarmèrent à notre approche. A peine nous eurent-ils vus qu'ils poussèrent leur cri de guerre, et hommes et femmes, s'armant de sabres, de lances, d'arcs et de flèches, prirent une attitude menaçante. Nous leur criâmes des paroles de paix en langue du Haoussa, mais ils ne comprenaient ni paroles, ni gestes. Heureusement qu'une femme qui savait un peu le langage de l'intérieur de l'Afrique, se dévoua, et vint nous trouver sur le bord de l'eau. Nous lui apprîmes que nous étions des voyageurs chrétiens, amis de ses compatriotes, qui retournaient dans leur pays par le fleuve, et n'avaient nulle envie de leur faire la guerre. Elle alla rendre compte de son message, et, réussit, en partie seulement, à dissiper leurs terreurs et leurs soupçons. Sans la médiation de cette digne femme, nous eussions certainement essuyé une grêle de flèches, car on nous avait pris d'abord pour des Fellans, et elle eut beaucoup de peine à persuader le contraire. Néanmoins, contre notre attente, ces gens ne purent, ou ne voulurent pas nous donner de logement pour la nuit; nous eûmes beau solliciter cette faveur avec importunité, et leur assurer que la hutte la plus misérable nous arrangerait encore, ils furent sourds à toutes nos prières. Craignant seulement que nous n'en vinssions à exiger de force ce que nous ne pouvions arracher à leur bonne volonté, ils nous engagèrent fort à descendre le fleuve, nous assurant qu'un peu plus loin nous trouverions une ville, grande et fort importante, nommée *Kacunda* (ce nom nous rappela que les habitans d'Egga nous avaient recommandé de nous y arrêter). Ils nous dirent aussi que nous y aurions abondance de provisions, qu'on nous y recevrait à merveille, et que nous y rencontrerions des naturels de Funda qui entendent et parlent le langage du Haoussa.

Cédant à toutes ces considérations, nous

quittâmes le village; *mais* presque aussitôt les naturels nous rappelèrent, nous criant de revenir et de passer la nuit avec eux. Nos hommes, d'autant plus ravis de cette offre qu'ils étaient horriblement fatigués, firent des efforts inouïs pour remonter le courant; mais il était si impétueux, qu'au lieu de nous rapprocher du village, nous dérivions sensiblement. Quand il fut prouvé que le retour était chose impraticable, nous n'eûmes d'autre ressource que de suivre le premier avis qu'on nous avait donné, et de nous laisser aller au gré du fleuve.

Kacunda est située sur la rive occidentale, et vue d'un peu loin, elle a un aspect singulièrement beau. De même qu'à Egga, on n'y parvient que par des canaux sinueux, qui entrecoupent un marécage vaseux et malsain, de près de deux milles de large. Nous y arrivâmes le soir. Les naturels furent d'abord un peu alarmés de notre apparition; mais un vieux prêtre mahométan nous accueillit sur la rive, et nous conduisant chez lui, nous installa dans une hutte commode et propre; jadis la demeure d'un prince, aujourd'hui celle d'un maître d'école. Ce vieillard a quitté Cuttumcurrafi pour venir s'établir à Kacunda, et ayant appris que deux chrétiens visitaient le Borgou, il a pensé de suite que ce devait être nous. La chambre dans laquelle il nous a introduits est la plus spacieuse que nous ayons encore vue, et lui sert de classe : il y enseigne les prières mahométanes aux enfans des naturels. Ce digne homme paraît prendre grand intérêt à nous ; voyant les gens inquiets et alarmés de notre venue, il s'est efforcé de les calmer, en leur disant que nous étions tout à fait inoffensifs, et nous a pris aussitot sous sa protection. Il nous a prévenus qu'on nous préparait une hutte à une petite distance de la ville ; mais le temps étant chaud et fatigant, nous préférons rester où nous sommes. Nous aurions peine, d'ailleurs, à trouver un logement aussi vaste et aussi aéré. Nous avons donc demandé à notre hôte la permission de demeurer chez lui, et il y a consenti avec empressement.

Le chef de Kacunda habite à quatre milles de nous, près du lieu où se tient le marché. Le vieux Mallam n'a pas voulu que nous allassions le voir, mais a promis d'envoyer un messager au frère du chef, pour qu'il vînt nous visiter demain. Nous avons souscrit de bon cœur à cet arrangement. Environ dix gallons de bierre du pays, du grain pilé, et des volailles bouillies, nous ont été envoyés pour souper ; et après avoir mangé de fort bon appétit, nous nous sommes couchés en remerciant Dieu.

La rivière décrit plusieurs sinuosités, depuis Egga jusqu'ici, se dirigeant tantôt au Sud, tantôt au Sud-Est. Elle est semée d'îles, toutes cultivées et habitées. Le courant, très-rapide, doit être de quatre à cinq milles à l'heure, à en juger par la difficulté que nous eûmes à ramer contre lui, sans pouvoir faire le moindre progrès, lorsque nous essayâmes de retourner vers l'île où nous avions abordé, avant Kacunda. Près de cette île, qui est plus rapprochée de la rive Nord que de la rive Sud, les terres sont bien cultivées, mais basses, et cette disposition des bords du fleuve continue jusqu'à Kacunda. La rive Sud est un peu plus élevée. On nous dit que la ville que nous avons vue, à notre gauche, ce matin, un peu au-dessous d'Egga, ne reconnaît la domination d'aucun chef, mais que, dans toutes les autres villes, il y a un roi ou gouverneur. Le territoire du Nyffé finit à Egga.

Samedi, 23 octobre. — Kacunda ne se compose, à bien dire, que de trois ou quatre villages, tous fort grands, mais isolés, quoique à très-peu de distance les uns des autres. C'est la capitale d'un état ou royaume du même nom, tout à fait indépendant du Nyffé, ou de toute autre puissance étrangère. Le chef ou roi gouverne en despote, mais avec modération. Dans les cas graves, il ne s'en remet point à son propre jugement, mais en appelle aux anciens du peuple. Kacunda entretient fort peu de relations avec le Nyffé, ou toute autre nation considérable. Elle trafique, presque exclusivement, avec les divers peuples qui habitent les bords du Niger, au Sud; et les esclaves achetés ici, sont, dit-on, dirigés vers la mer.

Les naturels sont grands, bien faits et robustes; ils portent peu d'ornemens. Celui qu'ils affectionnent le plus est un collier de cornalines rouges (qu'on trouve en abondance dans le Nyffé), taillées un peu en forme de cœur, plates, minces, et du plus beau poli. Pour tout vêtement, ils se ceignent les reins d'un morceau d'étoffe de coton, fabriqué par eux, et teint de diverses couleurs, selon le goût du propriétaire. Les femmes portent de petits pendans d'oreilles en argent, mais ne se teignent ni ne se barbouillent le corps.

Les productions du pays n'ont rien de particulier; et pour la fabrication des étoffes, les habitans de Kacunda sont fort inférieurs à leurs voisins. La langue du Nyffé n'est pas comprise ici, malgré la proximité des deux royaumes; mais, de même que dans tous les autres lieux que nous avons parcourus, on y trouve beaucoup de personnes parlant couramment la langue du Haoussa.

Le chef s'est excusé de nous visiter ce matin, mais il a envoyé son frère nous assurer du plaisir que lui faisait notre venue.

A onze heures du matin, un grand canot à deux bancs, avec quatorze rameurs, est arrivé à Kacunda ; le frère du roi était à bord. En mettant pied à terre, il a été salué d'une décharge de cinq vieux mousquets rouillés. Un messager est venu nous annoncer qu'il était disposé à nous voir, et je l'ai envoyé prier de vouloir bien venir. Il avait une nombreuse suite, et nous a présenté de la part du chef des noix de goura, une chèvre, des ignames, et une grande quantité de bière du pays. Tous, quoique païens, portaient le costume mahométan, et avaient une tenue propre et soignée. Les plus riches habitans de la ville nous ont également envoyé d'énormes calebasses contenant plusieurs gallons de bière. Nous avons fait au frère du chef l'accueil le plus cordial, et après avoir échangé avec lui une poignée de main, nous sommes entrés de suite en explication. Je lui ai dit, en voyant la chèvre qu'il nous avait apportée, qu'à notre grand regret, nous n'avions rien à offrir à son frère, en échange d'un présent de cette valeur, qu'un long séjour dans le pays avait épuisé toutes nos ressources. Cependant, je tirai de nos caisses une paire de bracelets d'argent, que je lui remis pour le chef de Kacunda, en le priant d'expliquer à ce dernier pourquoi nous n'avions pu faire mieux. Il les prit, mais sans paraître y attacher d'importance, ni même s'en soucier. En regardant autour de la chambre, il aperçut plusieurs petites choses qui lui plurent; et nous les lui donnâmes avec d'autant plus d'empressement qu'elles n'avaient pour nous aucune valeur. Notre condescendance le ravit.

Au bout de peu de temps, nous étions au mieux ensemble, et il commença à nous faire de terribles récits des naturels qui habitent sur les bords du fleuve, au delà de Kacunda. Il nous engageait à ne pas nous risquer parmi eux, et à nous en aller par le chemin qui nous avait amenés « Si vous descendez la rivière », nous dit-il avec beaucoup d'emphase, « vous ne pouvez manquer de tomber entre leurs mains et d'être assassinés. » — « Mais, lui répondis-je, que nous ayons à vivre ou à mourir, il nous faut poursuivre notre voyage, et cela dès demain. » J'ajoutai alors que s'il voulait envoyer un messager avec nous, comme preuve d'intérêt du haut et puissant chef de Kacunda, ce serait une garantie de sûreté. » A quoi il répliqua de suite, que non, qu'il s'en garderait bien, car les habitans de la ville voisine couperaient certainement la tête à son envoyé. « Mais, continua-t-il, si je ne puis vous persuader de retourner sur vos pas, et d'éviter ainsi le péril, du moins ne partez pas de jour; attendez que le soleil soit couché, vous pourrez alors continuer votre voyage, et passer vers le milieu de la nuit devant la ville la plus dangereuse; et peut-être échapperez-vous. » Nous lui demandâmes si ces gens si redoutables avaient des fusils et de grands canots? « Oui, en grand nombre; c'est un peuple considérable et puissant; aucun canot ne peut descendre la rivière pendant le jour, qu'ils ne le capturent et ne le pillent : même, à la nuit, les canots d'ici sont obligés d'aller par flottes, et de se tenir tout près les uns des autres, afin de leur imposer, et de présenter un aspect formidable. »

N'ayant aucune raison de mettre en doute la vérité de ces renseignemens, et sachant bien au fond le peu de résistance que nous pourrions opposer à une attaque, nous avons décidé de voyager de nuit, et de partir demain à quatre heures et demie de l'après-midi. J'annonçai notre intention au frère du chef, qui en parut très-étonné. Notre détermination, et surtout notre apparente insouciance du danger, frappent l'esprit de ce peuple, et le confirment dans la pensée que nous sommes des êtres surnaturels, doués de facultés extraordinaires. Notre visiteur a pris congé, après une longue séance, emportant toutes les bagatelles qu'il avait désirées, et le présent destiné au chef, son frère. Celui-ci s'est montré pleinement satisfait de notre hommage, et a reçu notre envoi de la façon la plus gracieuse. Il nous a suppliés de lui écrire quelque charme; l'un pour assurer une continuation de paix et de prospérité à son royaume; un autre, pour empêcher les querelles, les injures et les troubles dans le marché, pour prévenir l'effusion du sang humain, qui a souvent lieu, à la suite de ces disputes; enfin, pour amener au lieu de vente une foule d'acheteurs et de marchands, les taxes qu'il perçoit augmentant à proportion. Il désire aussi obtenir de nous un talisman particulier, qui ait la vertu de préserver tous les gens qui se baignent des griffes des crocodiles qui infestent le marais, et qui ont, à ce qu'on dit, enlevé et dévoré dernièrement plusieurs enfans. Il veut aussi, qu'au moyen d'un charme, un ruisseau voisin, qui est toujours à sec pendant l'été, se remplisse d'eau, et coule toute l'année.

Les naturels sont fermement persuadés que

nous sommes nécromanciens, ou du moins fort en état d'accomplir toute espèce de miracle, et ils croient que ces charmes sont bien peu de chose, comparés à ce que nous *pourrions* faire, s'il nous plaisait déployer notre puissance. Vouloir combattre cette ignorante crédulité serait aussi inutile que dangereux ; nous évitons de heurter leurs préjugés ou leurs superstitions, et nous conformons à leurs désirs autant qu'il est en nous.

Plusieurs des habitans nous apportent de petits présens de noix de goura, de poivre de Cayenne et du Chili, un morceau de poisson, ou quelque autre semblable bagatelle, s'attendant à recevoir le centuple de la valeur, sous la forme de charmes. Nous avons été persécutés tout le jour par un jeune homme qui nous demandait un talisman pour attraper une grande quantité de poisson. Le pauvre diable nous suivait partout comme un enfant qui mendie un jouet ; il nous offrait en échange tout ce dont il pouvait disposer, de la bierre du pays, des noix de goura, etc. ; et il nous eût donné tout ce qu'il possédait, tant sa foi était grande, et tant il était convaincu qu'il ne dépendait que de nous de l'enrichir par d'abondantes pêches. Il n'y eut moyen de s'en débarrasser qu'en lui accordant sa requête ; nous lui donnâmes donc un petit morceau de papier, sur lequel nous avions griffonné quelques mots insignifians; il ne l'eut pas plus tôt, que, le regardant de l'air le plus joyeux, il se mit à l'attacher avec beaucoup de solennité au bout de sa ligne à pêcher. Puis, il partit pour aller en hâte essayer sa bonne fortune, se félicitant d'avance de la multitude de poisson que son charme allait attirer.

Il est pénible de voir à quel point la superstition subjugue et domine ces pauvres gens, non-seulement à Kacunda, mais à Egga, et dans une foule d'autres endroits, sur les bords du fleuve: Prêts à accueillir comme vérité tout ce qu'on leur dit, ils sont dupes de tout charlatanisme. Les Mallams mahométans entretiennent chez eux la croyance aux charmes et aux sortiléges, parce qu'ils en tirent parti; mais, de leur côté, ces doctes prêtres sont tout aussi crédules que les naturels, dans l'efficacité de tout ce qui vient de nous.

A Kacunda, les habitans se servent pour la pêche, à laquelle ils réussissent assez, d'une ligne, armée au bout d'un morceau de fer recourbé en forme de hameçon. Ils y accrochent pour amorce un gros ver, et souvent partie d'un poisson. La corde est faite d'une herbe proprement tressée. Souvent les pêcheurs s'exposent avec une sorte d'insouciance aux attaques des alligators, très-nombreux dans la rivière ; et pendant la pêche, ou le soir en allant chercher de l'eau, il arrive que plusieurs personnes deviennent la proie de ces animaux. Ils font la guerre aux crocodiles, et en mangent la chair, aussi bien que celle de l'hippopotame. Les œufs des premiers sont pour eux un grand régal.

Nous avons eu la visite du chef d'une province voisine, accompagné d'un imposteur, qui se dit fils d'Édéresa, l'ex-roi du Nyffé : tous deux ont été désapointés dans leur attente de recevoir de nous des présens de prix, car nos provisions diminuent de jour en jour, et nous ne pouvons pas faire les prodigues.

De même qu'à Egga, les Mallams nous pressent de rester ici deux ou trois jours, afin de profiter du départ des gens pour le marché de Bocquâ, chacun nous prévenant que, si nous ne prenons cette précaution, il y va de nos vies. Tous s'accordent à représenter les riverains du Niger, à partir d'ici, comme la race la plus dangereuse. Ce sont, disent-ils, des voleurs de profession, sans frein, ni loi : ils n'ont pas de chef, et ne reconnaissent aucune autorité humaine ; en un mot, c'est une république de féroces brigands.

Ce ne sont qu'histoires des habitans d'Egga, qui, obligés de se rendre au marché de Bocquâ pour affaires de commerce, voyagent par compagnies de dix ou douze canots, pour s'entre aider et se protéger; et qui, même alors, n'osent passer à portée de ces rives dangereuses qu'au plus profond de la nuit. Enfin, on ne néglige rien pour nous effrayer, et nous empêcher de pousser plus avant.

Le roi du Yarriba avait bien quelque raison d'hésiter à envoyer le capitaine Clapperton et nous-mêmes aux bords du Niger, sachant, comme il le faisait, qu'il ne possédait pas une seule ville si loin à l'Est, ni un seul sujet de Yaourie à la mer. Au-dessus d'Egga jusqu'à Wowou, la rive occidentale de la rivière, qu'il s'était vanté de compter dans ses domaines, n'est habitée que par des Nyfféens, et, au-dessous de cette ville, ce ne sont que tribus étrangères et distinctes, qui n'ont jamais entendu son nom, et ignorent également sa puissance et sa gloire.

Nous remarquons ici, pour la première fois, que les naturels ont coutume de se faire une marque particulière pour se distinguer des autres tribus. Les marques distinctives des habitans de Kacunda sont trois cicatrices des tempes au menton, qui leur donnent un aspect étrange. Du reste, la population est douce, inoffensive et très-laborieuse. Leurs huttes sont les plus grandes et les plus propres que nous ayons vues dans tout le pays. Notre bon ami, le maître d'école, nous assure que nous passerons bientôt devant la rivière *Tshadda*, qui n'est qu'à une journée de distance, en descendant le fleuve. C'est un vieillard disert et fort communicatif; il m'a appris que la ville de Funda n'est point sur les bords de la Quorra, ou Niger, mais bien à trois journées dans l'intérieur, en remontant la Tshadda. Toujours d'après ses dires, cette dernière rivière est fort grande, presque aussi large que la Quorra. Des canots remontent la Tshadda jusqu'à Bornou, et, par cette voie, ce royaume n'est qu'à quinze journées d'ici. Les pays de Jacoba et d'Adamowa, dit-il, sont en paix avec le Bornou, et les communications sont libres entre ces contrées par eau et par terre. Il paraît que les tribus païennes sont menacées, à leur grand effroi, d'une attaque des Fellans, quand la saison sèche sera venue. La Tshadda offre une navigation sûre, et est très-fréquentée par les canots. La ville de Cuttumcurrafi, dont on nous a déjà parlé, est assise à la jonction des deux rivières, de la Tshadda et de la Quorra.

Dimanche, 24 *octobre*. — Les enfans des

principaux habitans de Kacunda sont placés de très-bonne heure sous la tutelle de notre digne hôte, le maître d'école, qui leur enseigne quelques prières mahométanes, à peu près tout ce qu'il sait de la langue arabe. C'est en cela que consiste toute leur éducation. Ces enfans sont studieux et diligens. Ils se lèvent tous les jours avant le soleil, et copient leurs prières à la lampe, pour les répéter ensuite au maître, les uns après les autres, en commençant par le plus âgé. Ils récitent d'un ton perçant et criard, assez haut pour se faire entendre d'un demi-mille à la ronde, ce qui passe près des parens pour une grande perfection; le meilleur écolier est celui qui a les poumons les plus robustes et la voix la plus claire.

Quoique excessivement vains de leurs talens, de leur savoir et en général de leur supériorité intellectuelle sur leurs compagnons, les Mahométans accordent une grande prééminence aux blancs, car ils ont entendu conter des merveilles des Européens; et la renommée de ceux-ci a pénétré chez toutes les nations de l'intérieur, et en a fait pour ces peuples crédules des êtres surnaturels. Ainsi, notre prêtre ou Mallam, quoique fabricant de charmes, nous a demandé aujourd'hui, avec instance, une amulette, douée de propriétés assez extraordinaires pour lui attirer le respect et l'admiration de tout le pays; et il était si fermement convaincu que la chose ne dépendait que de notre vouloir, qu'il n'y a pas eu possibilité de le dissuader. Il nous a fait cadeau d'un grand pot de bière, et n'a pas voulu quitter la hutte que nous ne lui eussions promis le papier qu'il sollicitait si ardemment. Nous ne savons comment échapper à la foule des demandeurs, et leurs larmes et leurs supplications nous font peine. Pour satisfaire les plus obstinés, nous avons pris le parti de suivre l'exemple de M. Park, qui, en pareil cas, donnait à ces pauvres superstitieux une copie du *Pater*.

Le frère du chef nous a fait une seconde visite ce matin, réunissant tous ses argumens pour nous engager à différer notre départ de deux ou trois jours, jusqu'à ce que les canots fussent prêts à nous escorter. Il insista de nouveau sur les dangers que nous avions infailliblement à courir, si nous nous décidions à partir seuls. Ses représentations nous ont peu touchés, car il nous a été évident qu'elles sont dictées plutôt par l'avidité que par un intérêt réel. Nous avons cependant consenti à attendre, jusqu'à cette après-midi, un homme qui doit nous accompagner, en qualité de messager, au célèbre marché de Bocquâ, où, à les en croire, nous serons tout-à-fait en sûreté : passé ce lieu, les habitans des rives sont, dit-on, moins rapaces, et beaucoup plus traitables. La description que fait le frère du chef du peuple qui habite à une journée d'ici, est tout ce qu'il y a de plus effrayant. Pour en revenir au proverbe, « Il y a toujours du vrai dans ce que dit tout le monde », nous commençons à ajouter foi à ces bruits si répétés de la férocité et de la cruauté des races qui occupent les deux rives du Niger, entre Kacunda et Bocquâ : bien que nous fassions cependant la part de l'exagération des naturels qui, aimant fort le merveilleux, se plaisent à grossir des bagatelles, et à leur donner beaucoup plus d'importance qu'elles n'en ont.

L'après-midi approchant, nous demandâmes, mais en vain, le guide qu'on nous avait promis : ni le chef, ni son frère, ne semblaient disposés à tenir parole; nous fîmes alors nos préparatifs de départ, au grand déplaisir du dernier, qui entama une dolente lamentation, et, mit tout en usage, hors la violence, pour nous faire changer de résolution.

A trois heures de l'après-midi, nous adressâmes nos prières au puissant dispensateur de tous biens, lui demandant d'étendre sur nous sa protection, et de nous préserver au milieu des peuplades barbares qu'il nous fallait visiter. Nous ordonnâmes ensuite à Paskoe et à nos gens de charger le bateau. Je n'oublierai jamais leurs mines piteuses. Ils étaient tout en larmes, et tremblaient de tous leurs membres. L'un d'eux, nommé Antonio, né à Bonny et fils du dernier chef de cette ville, qui nous avait été confié par le lieutenant Matson, commandant du Clinker, était aussi affecté que les autres. Il disait se soucier peu de sa sûreté personnelle : sa vie n'était d'aucune importance : tout ce qu'il craignait, c'était que nous fussions assassinés mon frère et moi : il nous aimait chèrement ; il avait voyagé avec nous depuis la côte, et pour lui, autant vaudrait mourir que de nous voir tués.

A quatre heures et demie, comme nous l'avions arrêté, nous dîmes adieu aux bons habitans de Kacunda, et, tous les bagages étant à bord et les hommes à leurs postes, nous nous embarquâmes, et quittâmes le rivage à la vue d'une multitude immense. Nous eûmes beaucoup de peine à nous tirer du marais, et à gagner le gros du fleuve. Les pauvres naturels nous regardaient avec étonnement, nous suivant des yeux le plus long-temps qu'il purent, comme n'espérant plus nous revoir, ni entendre parler de nous davantage.

Nous étions enfin en route, et préparés à ce qui pouvait arriver de pis. « Maintenant, mes braves, » dis-je, comme le canot glissait porté par le courant, « il faut nous tenir ferme. J'espère que pas un de nous ne lâchera pied, quelque chose qui advienne. » Antonio et Sam dirent qu'ils étaient décidés à ne nous pas quitter jusqu'au dernier moment. Sam est de Sierra-Leone, et je leur crois du cœur à tous deux. Je savais, par expérience, que nous pouvions compter sur Jaoudie et sur le vieux Paskoe, qui avaient fait partie de la première expédition. Quant aux autres, quoiqu'ils se vantassent fort, je ne m'y fiais pas, n'ayant jamais eu occasion de les mettre à l'épreuve. Nous fîmes charger les quatre fusils et deux pistolets de balles et de chevrotines, décidés à faire aux attaquans une chaude réception. Ayant terminé nos préparatifs de défense, et encouragé notre petite bande à se conduire bravement, nous poussâmes trois acclamations bruyantes, et remîmes notre sort aux mains de Dieu.

Notre petit vaisseau voguait avec rapidité, cédant aux efforts vigoureux de nos rameurs. Il n'y avait plus de larmes, plus de tristesse, et, à nous voir orgueilleusement fendre l'onde, il semblait que nous fussions de force à tenir tête aux plus audacieux. Bientôt, après avoir laissé Kacunda, la rivière *tourna droit au Sud*, entre d'assez hautes collines : la force du courant continuait à être à peu près la même. Quelques milles plus loin, nous observâmes une branche du Niger, peu considérable, coulant à l'Ouest : ce pouvait être une crique, au lieu d'un bras de la rivière; nous ne pûmes nous en assurer; ses bords, parsemés de petites collines, étaient couverts de palmiers. Nous nous trouvâmes alors en face d'une ville, importante, occupant un grand espace, et d'où sortait un bruit haut et confus, comme d'une multitude qui querelle, ou comme les vagues de la mer, roulant sur une plage hérissée de rochers : nous vîmes aussi plusieurs autres villes sur la rive occidentale, mais nous les évitâmes avec soin. Une soirée calme et sereine avait succédé à la chaleur du jour; la lune et les étoiles répandaient une douce lumière; tout était immobile et silencieux. Nous glissions doucement sur le fleuve, sans rien voir qui pût éveiller nos craintes, sans entendre d'autre bruit que le frôlement des feuilles remuées par la brise, le mouvement des pagaïes, et le rejaillissement des eaux, lorsque, de loin en loin, un poisson s'élançait au-dessus de l'onde, puis retombait.

Vers minuit, nous aperçûmes les lumières d'un village dont nous étions alors très-près; assez près pour entendre les habitans chanter, danser et rire, au clair de lune, devant les huttes. Nous gagnâmes en hâte l'autre bord, redoutant quelque péril caché, et nous imaginant qu'une lumière nous suivait; mais ce n'était qu'un feu follet, ou quelque exhalaison marécageuse, qui se perdit bientôt parmi les arbres. Quand la lune eut disparu à l'horizon, le ciel devint nuageux, et nous avions peine à distinguer les eaux, et la direction que nous suivions; aussi fûmes-nous entraînés tout à coup par le courant vers un étroit petit canal, formé par une inondation de la rivière, et il nous fallut plus de deux heures d'efforts et de travail pour en sortir et regagner le lit principal. Une rangée de très-hautes collines faisait tourner la rivière au Sud-Est. Nous passâmes devant un grand nombre d'îles.

Lundi, 25 *octobre*. — Vers une heure après minuit, le cours changea et devint Sud-Sud-Ouest, le fleuve coulant entre de gigantesques hauteurs. A cinq heures, ce matin, nous nous trouvâmes presqu'en face d'une rivière considérable, venant de l'Est se jeter dans le Niger : à son embouchure, elle paraissait avoir de trois à quatre milles de large; et, sur l'une de ses rives, nous vîmes une grande ville dont une partie faisait face à la rivière, l'autre, à la Quorra. Nous crûmes d'abord que c'était un bras de cette dernière, et nous essayâmes d'y entrer; mais, voyant que le courant était contre nous, et qu'il augmentait de violence à mesure que nous avancions, et nos gens étant las, nous y renonçâmes, et notre petite barque fut bientôt ramenée au centre du fleuve. Nous passâmes outre, décidés à nous enquérir de ce prétendu bras du Niger à la prochaine occasion. Après plus mûres réflexions, nous conclûmes que ce devait être la Tshadda, et que la grande ville assise à son embouchure était Cuttumcurrafi, dont notre vieux Mallam, maître d'école, nous avait parlé. Dans tous les cas, nous nous étions assurés que ce n'était pas une branche du Niger. Aussi loin que la vue pouvait s'étendre, les rives paraissaient hautes, verdoyantes et fertiles.

Le jour se leva terne et brumeux : cependant, à mesure que le soleil dispersait en partie les brouillards suspendus sur les vallées et au-dessus des petites collines, nous distinguions des montagnes, de formes irrégulières, qui s'élevaient brusquement au bord de l'eau. Leur hauteur était indécise, et nous ne pouvions nous en faire une idée, leurs sommets étant enveloppés de nuages, ou perdus dans des vapeurs qui flottaient le long de leurs flancs. Au-delà, sur la rive Sud-Est, apparaissait encore une double rangée de hauteurs; et, au Nord-Ouest, une chaîne de collines, de moindres dimensions, s'étendait aussi loin que l'œil la pouvait suivre. Elles paraissaient nues et stériles. Celles du Nord-Ouest étaient formées de masses groupées, et ressemblaient aux montagnes de Kong, que nous avions vues dans le Yarriba.

A sept heures, le Niger, dégagé des îles et des marais qui le bordent habituellement, promenait ses eaux entre des rives boisées, et beaucoup plus hautes que toutes celles que nous avions passées en revue les jours précédens : elles coulaient sur un fond de rochers qui causaient à la surface de fréquens bouillonnemens. Un des canots, qu'on nous avait dépeints comme si différens des nôtres, passa près de nous, vers la même heure. Il ressemblait, pour la forme, aux paniers d'osier dans lesquels les bouchers portent la viande. Il était garni de siéges comme ceux dont on se sert dans différentes parties des côtes. Il avait pour rameurs huit ou dix petits garçons, qui chantaient, en travaillant sous les ordres d'un homme âgé, assis au milieu du canot. Le mouvement des pagaïes était régularisé par un sifflement tout particulier, qu'ils faisaient avec leurs bouches et à intervalles égaux. C'était plaisir de voir avec quelle vitesse ce petit esquif voguait contre le courant. Ce matin, à l'aube, nous avons dépassé un grand nombre de villages : les rives étaient ornées de palmiers et de terre cultivées, qui s'étalaient au pied des montagnes, et dans les vallons qui les séparaient.

A dix heures, nous tournâmes un énorme rocher, blanc et nu, formant un dôme parfait, au centre même de la rivière ; il a environ vingt pieds de haut ; une immense quantité d'oiseaux blancs le couvraient, ce qui fit que nous lui donnâmes le nom de *roc aux oiseaux*. Il est à trois ou quatre milles de Bocquâ, et du même côté. Je regarde comme plus sûr de prendre le côté Sud-Est, qui est aussi le vrai canal de la rivière, et qui a trois milles de largeur. Nous prîmes le côté de l'Ouest, et faillîmes nous perdre dans un gouffre ; ce fut avec la plus grande peine que nous empêchâmes le canot d'être entraîné, et mis en pièces contre les rocs. Heureusement que je m'aperçus à temps du danger ; nous nous mîmes à ramer, mon frère et moi, et stimulant nos hommes, nous réussîmes à préserver notre petite embarcation. La distance du roc à la rive la plus proche, est d'environ un quart de mille, et le courant a une vitesse de six milles à l'heure. Une fois emportés, nous périssions infailliblement.

Bientôt après ce rude exercice, nous découvrîmes un endroit commode pour débarquer, et nous sentant tous las, épuisés de faim et d'efforts, nous résolûmes de faire halte sur la rive droite. Le cours de la rivière a été depuis ce matin Sud-Sud-Ouest, et, comme de coutume, sa largeur a varié de deux milles jusqu'à cinq et six milles. L'aspect sombre et menaçant du ciel, présageant une forte averse, ou quelque chose de pis, nous nous hâtâmes de nous faire un abri avec des nattes, sous l'ombrage d'un palmier. Dès que nous eûmes le loisir de regarder autour de nous, il nous fut évident, bien qu'aucune habitation ne fût en vue, que ce lieu même avait été visité, très-récemment, par une grande quantité de monde. Il y avait les traces de plusieurs feux éteints; des calebasses brisées, des tessons de vases de terre étaient épars sur le sol, et nos hommes ramassèrent une quantité de coquilles de noix de coco, et trois ou quatre douves d'un barril de poudre. Toutes puériles qu'étaient ces trouvailles, elles nous donnèrent un vif sentiment de joie et d'espérance. Les débris du baril de poudre nous semblaient la preuve la plus irrécusable que les naturels du voisinage entretenaient des relations avec les Européens, et par conséquent avec la mer.

Le terrain, dans un espace de cent toises, était nétoyé d'herbes, de bruyère, et de toute espèce de végétation; nous en conclûmes, qu'il s'y tenait un marché ou foire, à époques fixes. Trois de nos hommes allèrent dans le taillis, chercher des broussailles et du bois : bientôt ils découvrirent un village : ils ne s'en étonnèrent point, et entrèrent dans la hutte la plus voisine pour demander un peu de feu. La case ne contenait que trois femmes : épouvantées de l'apparition brusque et soudaine de ces hommes, à figures étranges, ne comprenant pas leur langue, et ne pouvant deviner ce qui les amenait, elles coururent de toutes leurs forces vers les bois, pour avertir leurs pères et leurs maris, qui étaient occupés à la culture des terres. De leur côté, nos gens prirent, sans se déconcerter, au foyer de la cabane, des charbons enflammés, et nous revinrent au bout de quelques minutes, nous prévenant, mais sans y attacher d'importance, qu'ils avaient trouvé un village : ils nous dirent aussi avoir vu beaucoup de terres cultivées, et avoir rencontré des femmes qui s'étaient enfuies à leur approche. Loin de nous en alarmer, nous nous réjouîmes d'apprendre qu'il y avait des huttes à proximité, et dépêchâmes de suite Paskoe, Abraham et Jaoudie, pour y aller chercher du feu, et prier les habitans de nous vendre quelques ignames. Il n'y avait pas dix minutes qu'ils étaient partis, lorsqu'ils revinrent en hâte. Ils étaient allés au village, et avaient demandé du feu; mais les naturels ne les avaient pas compris, et au lieu de s'arrêter à les entendre, ils s'étaient retirés, d'un air alarmé et avec des gestes menaçans. Nos hommes avaient alors jugé prudent de quitter le village, et de nous rejoindre. Cependant, persuadés que les naturels n'en viendraient pas à une attaque, nous allumâmes nos feux, et nous couchâmes auprès.

Nous reposions sur nos nattes, sans la moindre prévoyance du danger, car nous aussi, nous étions harassés de lassitude et accablés du besoin de dormir, lorsqu'un quart-d'heure après le retour de nos hommes, l'un d'eux se mit à crier : « La guerre vient ! La guerre vient ! » Et courant vers nous, en poussant de grands cris de terreur, il nous dit que les naturels venaient nous attaquer. A cette désastreuse nouvelle, nous fûmes bientôt sur pied, et regardant autour de nous, nous vîmes une troupe d'hommes, presque nus, accourant sans ordre, avec des gestes furieux vers notre petit groupe. Ils étaient diversement armés de fusils, d'arcs, de flèches, de coutelas, de crochets de fer, de longs fers de lance, et autres instrumens de destruction. A l'aspect de cette multitude de sauvages, farouches, hostiles, nous ne pûmes nous défendre d'une sensation très-pénible, et de bon cœur nous nous souhaitâmes hors de leurs mains. Contre des gens aussi paisibles que nous, qui n'avaient point fait de mal, ni n'en voulaient faire, ce déploiement de force était bien inutile; mais il était impossible de prévoir où s'arrêterait le courroux des naturels, et nous attendions l'issue avec une douloureuse anxiété.

Notre petite troupe était d'abord fort disséminée, mais heureusement nous voyions venir l'ennemi d'un peu loin, et nous eûmes le temps de réunir notre monde. Nous étions résolus à éviter toute effusion de sang : c'était d'ailleurs notre seule chance de salut, n'ayant qu'une poignée d'hommes à opposer à cette masse. Cependant les naturels approchaient rapidement, et touchaient presque à notre palmier. Il n'y avait pas une minute à perdre. Nous ordonnâmes à Paskoe, et à tous nos hommes de se tenir derrière nous, à peu de distance, avec leurs fusils et leurs pistolets chargés, leur enjoignant néanmoins de ne pas faire feu, à moins qu'on ne tirât d'abord sur eux. L'un des naturels, que nous apprîmes ensuite être le chef, marchait un peu en avant de ses compagnons. Jetant à terre nos pistolets, que nous avions pris dans le premier moment d'alarme, nous avançâmes avec calme, mon frère et moi, à sa rencontre. Comme nous approchions, nous fîmes bon nombre de signes avec nos bras pour l'engager, ainsi que son peuple, à ne point tirer sur nous. Son carquois se balançait à son côté, son arc était bandé, et une flèche visée à notre poitrine, tremblait, prête à partir, que nous n'étions qu'à quelques pas de lui. C'était un moment critique. La Providence détourna le coup, car le chef s'apprêtait à tirer la fatale corde, lorsque l'homme qui était le plus près de lui s'élança en avant, et lui retint le bras. Nous étions alors face à face, et de suite nous lui tendîmes la main. Tous tremblaient comme la feuille. Le chef nous regarda fixement, se jeta à genoux. Des éclairs s'échappaient de ses yeux noirs et roulans, son corps était en proie à de violentes convulsions, comme s'il eût enduré d'inexprimables angoisses. Sa physionomie prit une expression indéfinissable, mêlée de timidité et d'effroi, et où toutes les passions, bonnes et mauvaises, semblaient lutter; enfin, il laissa tomber sa tête sur sa poitrine, saisit les mains que nous lui tendions, et fondit en larmes. De ce moment l'harmonie fut rétablie, les pensées de guerre et de sang firent place à la meilleure intelligence. La première chose que nous fîmes fut de relever le vieux chef et de l'amener dans notre petit camp. Maintenant que le danger était passé, la conduite de nos hommes devint un sujet de railleries et d'amusemens; leurs courages avaient été mis à une rude épreuve, et nous savions à qui nous fier désormais. Paskoe était demeuré ferme à son poste, immobile, couchant en joue le chef. Quand nous passâmes près de lui, après la réconciliation, comme nous conduisions le vieillard sous notre abri, il nous dit : « Si ces drôles *noirs* avaient osé tirer sur un de vous, j'aurais descendu le vieux chef comme une pintade. » Il nous fut impossible de ne pas sourire de cette protestation, et nous ne doutons pas qu'il ne l'eût fait comme il le disait. Quant à nos deux braves, Sam et Antonio, ils s'en prirent à leurs talons, et décampèrent le plus vîte qu'ils purent, dès qu'ils virent les naturels se diriger vers nous à travers les hautes herbes. Ils ne se sont hasardés à reparaître que lorsque le chef et tous les siens ont été assis autour de nous ; et, même alors, ils étaient si effrayés, qu'ils furent quelque temps sans pouvoir proférer une parole.

Tous les villageois armés s'étaient réunis autour de leur chef, et épiaient avec anxiété ses regards et ses gestes. Le résultat de l'entrevue les ravit ; leurs yeux étincelèrent de plaisir, ils poussèrent un cri de joie, rejetèrent leurs flèches dans le carquois, coururent çà et là comme possédés du malin esprit, firent vibrer les cordes de leurs arcs, déchargèrent leurs fusils, secouèrent leurs lances, dansèrent avec toutes sortes de contorsions étranges, rirent, crièrent, chantèrent; le tout se succédant si vite, qu'on eût dit une troupe de fous. Quand cette fougue de passion à laquelle ils s'étaint si pleinement livrés, se fut un peu calmée, nous offrîmes à chaque guerrier une certaine quantité d'aiguilles, en témoignage de nos dispositions amicales. Le chef s'assit sur le gazon, entre mon frère et moi, tandis que ses hommes, appuyés sur leurs armes, se groupaient derrière lui, à gauche et à droite. D'abord personne ne put nous comprendre ; mais bientôt un vieillard s'avança, et dit qu'il entendait le langage du Haoussa. Le chef le prit pour interprète, et chacun écouta avec anxiété l'explication suivante qu'il nous transmit.

« Peu de minutes après votre débarquement, un de mes gens vint me trouver, et m'avertit que certains étrangers venaient d'arriver sur la place du marché. Je le renvoyai avec mission d'approcher de vous autant que possible, et de s'assurer de vos intentions. Il revint peu après, disant que vous parliez un langage qu'il ne pouvait comprendre. Ne doutant pas que votre projet ne fût d'attaquer le village à la nuit, et d'enlever mon peuple, j'ordonnai de se préparer au combat. Tout courroucés, ne respirant que vengeance et carnage, nous étions résolus à vous exterminer, car nous vous croyions nos ennemis, venus de la rive opposée. Mais, quand vous vous êtes avancés à notre rencontre, sans armes, que nous avons vu vos faces blanches, alors la force nous a manqué pour bander nos arcs; nos pieds comme nos mains nous ont refusé le service, et à mesure que vous approchiez, à mesure que vous étendiez vos mains vers moi, mon cœur a défailli, j'ai cru et j'ai pensé que vous étiez les *enfans du ciel*, tombés des nuages. »

Tel était l'effet que nous avions produit sur lui, et qui l'avait si fort troublé, qu'il en avait presque perdu l'esprit. « Et maintenant, » dit-il, « hommes blancs, tout ce que je vous demande, c'est votre pardon » — « Vous l'aurez de grand cœur, » avons-nous répondu en serrant la main du vieux chef. Et, ayant pris soin de l'assurer que nous ne venions pas de si bon lieu qu'il l'avait cru d'abord, nous nous félicitâmes avec lui de l'heureuse issue de cette affaire. Nous avions plus de raison que personne de nous en réjouir, et nous offrîmes intérieurement nos actions de grâces au Tout-Puissant de sa miraculeuse protection. Car, pour nous servir des paroles du psalmiste : « Le Très-Haut a délivré notre âme de la mort et nos pieds de la chûte; il nous a préservés des terreurs de la nuit, de la flèche qui vole pendant le jour, de la peste qui marche dans les ténèbres, et de la maladie qui frappe en plein midi. » Nous avions à nous réjouir doublement que notre sang eût été épargné, et que nous n'eussions pas répandu celui des autres, car nous avions craint un moment d'être forcés d'en venir à cette cruelle extrémité. Nos fusils avaient tous double charge de balles et de chevrotines, nos hommes étaient disposés à s'en servir, et une seule flèche tombée au milieu de nous eût été un signal de mort. C'était en vérité une délivrance miraculeuse, et Dieu m'accorde de ne jamais revoir une mort violente de si près. Il est heureux pour nous que nos figures blanches et notre conduite calme aient si fort imposé à ce peuple.... Une minute plus tard, nos corps eussent été hérissés d'autant de flèches qu'un porc-épic a de dards.

Le vieux chef retourna au village, suivi de tout son monde; et, chemin faisant, il monta sur une fourmilière, d'où il fit une harangue, qui dura plus de demi-heure, l'accompagnant d'un grand nombre de gestes et d'une grande variété d'attitudes. Nous ne pûmes savoir, avec certitude, si ce qu'il disait avait rapport à nous, mais la chose est assez probable. Ils revinrent dans l'après-midi, nous apporter en présent une grande quantité d'iguames et de noix de goura, et nous invitèrent, de la façon la plus pressante, à aller coucher dans leurs huttes, promettant de nous traiter de leur mieux. Nous les remerciâmes de cette offre bienveillante, mais sans vouloir l'accepter, pour plusieurs raisons. Notre refus réveilla peut-être leur méfiance, car ils tirèrent des coups de fusils depuis le coucher du soleil jusqu'à onze heures du soir. Le chef nous fit une troisième visite, malgré l'heure avancée, apportant huit mille cauris et une énorme charge d'ignames, qu'il déposa à nos pieds. Pauvre vieillard! sa figure rayonnait de joie à l'idée que nous étions réellement ses amis. A la fin il avait foi en nous; et comme il nous souhaitait le bonsoir, il parut tout-à-fait content de l'aspect tranquille des choses, et partit.

Pendant notre conversation avec le chef, alors que tous les naturels étaient assemblés autour de nous, nous leur fîmes comprendre, montrant du doigt leurs fusils et les morceaux de drap rouge qu'ils portaient, que tout cela venait de notre pays, ce qui accrut merveilleusement leur admiration et leur surprise. Le vieillard, qui avait si bien rempli les fonctions d'interprète, était un vieux Mallam de Funda. Il comprenait on ne peut mieux la langue du Haoussa, et nous dit qu'il avait quitté son pays pour assister au marché qui se tient ici tout les neuf jours. Il nous apprit qu'on y venait en foule de la côte, pour échanger des marchandises des blancs contre des esclaves, qui étaient amenés en grand nombre de Funda. C'est ici le fameux marché de Bocquâ, dont nous avons si souvent entendu parler, et la rive opposée fait partie du royaume de Funda. Nous demandâmes aussi au vieux Mallam à quelle distance était la mer, et il nous dit: « A dix journées de chemin.» Lui indiquant les collines de l'autre côté de la rivière, nous voulûmes savoir où elles conduisaient: « A la mer, » répondit-il: «Et, où vont celles-ci?» ajoutâmes-nous, en montrant celles qui s'élevaient sur la rive où nous étions : « Elles s'étendent loin, loin, dans un pays que nous ne connaissons pas, » reprit-il. Nous lui demandâmes encore s'il avait jamais entendu parler d'un pays nommé Eyeo ou Yarriba? Il ne connaissait aucune contrée qui portât un de ces noms. Nous étions surtout anxieux de savoir jusqu'à quel point la navigation était sûre en descendant le fleuve, et nous voulûmes avoir son avis sur la partie inférieure du Niger : y avait-il des roches ou passages dangereux? Quant à la navigation, il n'y avaït pas, selon lui, le moindre danger. Il n'avait jamais ouï parler d'aucun écueil; mais les habitans des rives étaient, disait-il, de très-méchantes gens. Nous lui demandâmes alors s'il croyait, qu'à notre prière, le chef consentît à envoyer un messager avec nous, ne fût-ce qu'à la distance d'une journée? Il répliqua sans la moindre hésitation, « Non; les gens de ce pays-ci ne peuvent descendre la rivière; s'ils le faisaient, et qu'ils fussent attrapés, ils auraient la tête tranchée. Chacune des villes que je connais sur les bords de la rivière, est en guerre avec la ville voisine, et il en est de même de toutes. » — « Combien y a-t-il de Funda à Bornou? » — « Quinze jours de marche. » Il nous parla aussi du caractère des peuples qui habitent les bords de la Tshadda. Selon lui, c'étaient de bonnes gens, presque tous Musulmans. Il n'y avait, disait-il, qu'un mauvais endroit à passer, nommé Yamyam. Ici, notre conversation fut interrompue par le vieux chef, qui désirait retourner au village, et que le Mallam fut obligé d'accompagner. Ce dernier était un beau et vénérable vieillard, et il répondit à toutes nos questions avec une clarté, une promptitude, qui témoignaient de son intelligence.

Après avoir remercié le Tout-Puissant de sa protection signalée, durant ce jour d'épreuves, nous allâmes chercher un repos nécessaire.

Mardi, 26 *octobre*. — A mon réveil, ce matin, je vis notre fidèle Paskoe occupé à rôtir des ignames pour notre déjeûner. Cet homme nous a été d'une grande ressource, et de tous nos gens c'est le seul qui ait du cœur. Malgré la pluie qui est tombée toute la nuit, nous nous sommes levés ce matin assez dispos, car notre auvent de nattes, quoique frêle, nous avait passablement garantis.

De bonne heure, ce matin, le chef du village, le vieil interprète et bon nombre d'hommes et de femmes, sont venus nous visiter de la façon la plus amicale. Peu contens de ce qu'ils nous avaient donné hier, ils ont apporté aujourd'hui un énorme tas d'ignames, que nous n'avons cependant voulu accepter qu'en leur donnant de la verroterie en échange. Ils l'ont prise, mais je crois qu'ils eussent montré la même bienveillance quand nous n'aurions rien eu à leur offrir.

Nous apprîmes encore de l'interprète, que les marchands et acheteurs se rendent à ce marché, non-seulement des lieux voisins, mais aussi des deux rives du Niger, au-dessus et au-dessous de Bocquà, et de villes et de villages fort reculés. Le chef perçoit un petit tribut de tous ceux qui exposent des objets en vente, et c'est là tout son revenu. Les villageois, qui marchèrent hier contre nous à sa suite, sont ses esclaves. On nous dit aussi que, juste en face, sur la rive opposée, se trouve le grand chemin de Funda; qui, comme on nous l'a dit à Fofo, est située à trois journées du Niger, en remontant la Tshadda. Nous avons acquis la certitude que la grande rivière, que nous vîmes hier couler de l'Est, et tomber dans le Niger, est la célèbre *Shar*, *Shary* ou *Sharry* des voyageurs, ou plutôt la Tshadda, comme on l'appelle partout dans le pays. L'interprète nous a confirmé aussi dans l'idée que le cours d'eau, moins considérable, venant de la même direction, que nous avions vu le 19, était la *Coudounia*.

Le chef croit que, dans notre trajet de nuit, nous avons passé tous les endroits où nous pouvions être attaqués, et que nous n'avions plus rien à craindre. Cependant, il nous a conseillé d'éviter, s'il était possible, une ville très-considérable, assise sur la rive orientale, que nous atteindrions dans l'après-midi; et dont il affirme que le gouverneur nous retiendrait long-temps, quoique peut-être en nous traitant bien. « Un peu au-dessous de Bocquâ, » dit-il, « sur la rive gauche, réside un puissant roi, souverain d'un beau pays, nommé Atta, qui certainement vous forcerait de le visiter, s'il était, le moins du monde, prévenu de votre approche. » Il ne pensait pas qu'il nous fît aucun mal; mais ce chef était un homme fort extraordinaire, et, si une fois il nous avait en sa puissance, nous ne trouverions pas facile de lui échapper; il pourrait nous garder deux à trois mois, ou du moins nous retiendrait assez long-temps pour satisfaire la curiosité de tout son peuple. Comme le chef de Bocquâ était persuadé que ce prince pouvait nous rendre les plus grands services, s'il était de nos amis, nous lui demandâmes un guide et un messager pour nous accompagner à Atta et nous présenter au roi. Mais il répondit qu'un homme, venant de sa part, serait à l'instant saisi et tué. Il ne jugea pas à propos de nous en expliquer la raison. Cette crainte ne dépose pas en faveur de la clémence et des dispositions miséricordieuses du monarque d'Atta. Nous résolûmes donc de nous tenir hors de portée en filant le long du rivage opposé. Le chef conclut, qu'en sept jours nous atteindrions la mer; nouvelle, qui, comme on le pense, nous fut des plus agréables. Le vieil interprète avait parlé de dix jours; nous ne pouvions donc en être loin.

Les femmes de Bocquâ sont de belle race, et très-propres sur leurs personnes. Les hommes n'ont pas, comme à Kacunda, la coutume de se faire des entailles sur la figure ou sur quelque autre partie du corps. Ayant terminé notre frugal déjeûner, une igname rôtie et de l'eau de la rivière, nous commencâmes à recharger notre canot et à nous préparer au départ. Nous avions maintenant passé le lieu le plus mal famé, entre Kacunda et Bocquâ, et il n'y avait plus nécessité de naviguer de nuit, à notre grande satisfaction; car, bien qu'exposés à la chaleur du soleil durant le jour, il y a, par suite de la hauteur des eaux, des dangers sur la rivière, qu'on évite difficilement dans les ténèbres. Il n'est pas facile de se tenir hors des courans, et, une fois entraîné par eux, notre canot quittait le lit principal, et c'était à grande peine que nous pouvions l'y ramener. Tout étant disposé à bord, nous serrâmes cordialement la main du chef et des principaux personnages de sa suite, et peu de minutes après sept heures, ayant salué nos hôtes de deux à trois coups de fusil et d'autant d'acclamations, nous partîmes de Bocquâ; et la petite ville, d'apparence propre, fortifiée d'une bonne palissade en bois, fut rapidement dépassée.

Les deux rives continuaient à être montueuses, frangées d'antiques d'arbres, qui se courbaient sur l'eau; à onze heures nous étions en face d'une ville, qui, d'après la description qu'on nous en avait faite, devait être Atta. Elle est bâtie, tout au bord du fleuve, du côté Sud-Est, dans une situation élevée, sur une belle pelouse verte. L'aspect en est d'une beauté inexprimable. La ville, d'une prodigieuse étendue, est ornée d'arbustes verdoyans et de beaux et grands arbres. Il y avait quelques canots au pied de la hauteur, mais en côtoyant la rive opposée nous échappâmes à l'observation. Plus bas, les bords devenaient de plus en plus boisés et plus ombragés qu'auparavant, et, pendant plus de trente milles, nous ne vîmes pas une ville, pas un village, pas même une hutte isolée. Notre canot glissait, au milieu du silence et de la solitude, aucun bruit ne se faisait entendre, excepté, de temps à autres, le son de nos voix et les coups réguliers des pagaïes. Point de chants d'oiseaux, pas un animal qui froissât les feuilles, qui foulât le sol; tout était immobile et muet : et le magnifique Niger semblait dormir entre ses rives désertes.

De Bocquâ, la rivière coule dans une vallée, entre des montagnes d'une hauteur considérable. Son cours, jusqu'à Atta, est Sud-Ouest et sinueux. Vers le milieu du jour, les collines, au Nord-Ouest, nous semblèrent décroître; et celles de l'Est tournèrent au Sud-Est, tandis que la rivière continuait à couler au Sud-Ouest. Vers deux heures de l'après-midi, la nature des rives changea entièrement; de hautes, elles redevinrent basses et marécageuses, particulièrement à gauche; couvertes d'épais taillis qui, en partie, pendaient sur l'eau. Une demi-heure après, nous dépassâmes deux charmantes petites îles, qui nous semblèrent inhabitées, et, à quatre heures, nous vîmes une branche de la rivière, courant au Sud-Sud-Est; elle paraissait large d'un quart de mille. A cinq heures du soir, nos gens étant las, nous découvrîmes un canot, et fîmes force de rames pour l'aborder; mais ceux qui étaient dedans, effrayés à notre vue, sautèrent sur la plage et s'enfuirent dans la forêt. Deux ou trois minutes plus tard, nous aperçûmes, toujours sur la rive gauche, quelques huttes en ruine, et tirant le canot à terre, nous prîmes le parti d'y passer la nuit. Les femmes nous découvrirent les premières. Elles coururent, tout alarmées, vers un village voisin, où nous les vîmes s'armer de mousquets et d'autres armes offensives; elles semblaient de redoutables amazones. Cependant, nous ne tînmes pas compte de ces démonstrations hostiles; et, descendant à terre avec nos nattes, nous nous installâmes fort commodément, sous les branches d'un cocotier, le premier que nous eussions vu depuis ceux du Yarriba. A peine étions-nous assis qu'un grand nombre de gens accoururent en hâte vers nous, armés de sabres et de fusils. Voyant que nous restions fort tranquilles, sans faire aucun semblant d'hostilité, ils hésitèrent et s'arrêtèrent à peu de distance, nous demandant ce que nous voulions, et ce que nous venions faire dans leur ville. Nous eûmes recours, comme de coutume, aux signes; et convaincus à la fin que nous étions tout-à-fait inoffensifs, les naturels se hasardèrent à s'approcher, et nous fîmes la paix. Ils furent bientôt rejoints par quelques-uns de leurs compagnons. Il y avait parmi eux un jeune homme qui comprenait imparfaitement la langue de Bonny, assez cependant pour qu'Antonio, que nous avions amené avec nous, et qui est fils du roi Poivre (*King Pepper*), chef de ce pays, pût entrer en conversation avec lui; il lui fit comprendre tout ce qui nous concernait, que le jeune homme répéta de suite aux autres. Nous étions devenus grands amis; les femmes bavardaient avec une familiarité à laquelle nous n'avions pas été accoutumés dans le haut pays, et nous commencions à nous trouver fort à l'aise, quand parut le chef, espèce d'Hercule, à tournure gauche, à physionomie sournoise et repoussante. Il s'introduisit sans la moindre cérémonie, et nous invita, très-brièvement, à l'accompagner jusqu'au prochain village, nommé *Abbazaca*. La route était un étroit sentier, obstrué de mauvaises herbes, qui avaient trois fois notre hauteur, et formaient une voûte au-dessus de nos têtes; ces plantes gigantesques rendaient la marche pénible et difficile. A notre arrivée, on prépara un hangar, qui, bien que petit, était un des plus grands du village. Antonio nous servant d'interprète, nous dîmes au chef qui nous étions, et où nous souhaitions aller. Il s'offrit de suite à nous accompagner jusqu'à une grande ville, située plus bas sur le fleuve, dont son frère était gouverneur, et où nous rencontrerions infailliblement des gens de Bonny, de Calabar, de Brass, et de Bini que, d'après nos conjectures, nous supposons être Benin. Il assure que les naturels de ces divers endroits viennent par eau à la ville de son frère, pour y acheter des esclaves; et alors nous serions libres de choisir et de nous joindre à ceux d'entr'eux qui nous conviendraient. Il était surtout important de savoir avec certitude quelle était la plus large branche du fleuve, maintenant qu'il nous était à-peu-près prouvé que les différentes rivières, venant des pays qu'il nous avait nommés, et portant les mêmes noms, communiquaient avec le Niger. Nous lui demandâmes, (toujours par Antonio), laquelle de ces rivières il estimait devoir être la plus grande. Il ne pouvait pas le dire exactement; cependant, il dit plus tard à Antonio qu'il croyait que c'était la Bonny. Il nous prévint que, si nous comptions nous rendre le lendemain à la ville gouvernée par son frère, il faudrait partir de grand matin, sans quoi nous n'arriverions jamais avant le coucher du soleil. Après l'avoir remercié de tous ces renseignemens, nous le quittâmes pour aller nous reposer.

Il nous envoya presqu'aussitôt quelques vieux œufs gâtés, que nous ne pûmes manger, et une calebasse de mauvais tuah. Son messager ne manqua pas l'occasion de nous insinuer qu'un présent serait agréable au chef, son maître, le lendemain. Cependant, nous n'étions rien moins que contens de son hospitalité, car nous avions vu dans sa cour une foule de volailles et de chèvres, que le vieil avare savait bien être un meilleur régal que des œufs pourris. A huit heures du soir nous étions étendus sur nos nattes, mais sans espoir de repos, car une armée d'énormes mosquites nous attaquèrent de toutes parts, nous piquant jusqu'au sang et remplissant nos oreilles de leur insupportable bourdonnement. Le cours de la rivière, aujourd'hui, a été presque Sud-Ouest, et sa largeur à varié de deux à trois milles.

Mercredi, 27 *octobre*. — Au point du jour, nous nous sommes levés, harassés de la nuit, et nous avons commencé à la hâte nos préparatifs de départ. A six heures, le chef, qui, ainsi que ses sujets, était sur le qui vive, vint chercher son présent, et, comme nous l'avions soupçonné la veille, nous eûmes beaucoup de peine à contenter le vieux sournois. Je lui donnai une paire de bracelets d'argent, une paire de ciseaux, cinq cents aiguilles, une belle pièce d'étoffe du pays, dont la reine de Boussa nous avait fait cadeau. Le drôle fut mécontent de tout, bien que nous n'en eussions pas tant donné de long-temps. Il commença par grommeler, et finit par nous dire qu'il ne nous permettrait pas de quitter le village, si nous ne lui donnions quelque chose de mieux. Pour que ses menaces eussent plus de poids, il s'était entouré de quatorze esclaves, armés de fusils, dont il croyait sans doute que l'aspect formidable nous intimiderait. Nous ne désirions point le trouble, et fîmes de notre mieux pour le convaincre que nous n'avions rien de plus à lui offrir. Je fis tirer tous nos effets de nos malles devant lui, et les ayant remis en place, je fermai les caisses à clé. Cela ne suffit pas; il voulait qu'on recommençât l'examen, et qu'il lui fût permis de chercher et de tout voir par lui-même. Notre patience était à bout : « Dites au chef, » repris-je, en me tournant vers Antonio, « que les malles ne s'ouvriront plus. Et qu'il ose seulement essayer d'empêcher nos gens de charger le canot ! » Nous avions, mon frère et moi, nos sabres au côté et nos pistolets au poing, de même que tout notre monde; et nous donnâmes ordre de préparer de suite le canot; ce qui se fit, sans que le chef stupéfait, et, à son tour un peu intimidé, osât intervenir.

Ce vieux fripon avait murmuré et grogné à tout ce qu'on lui avait offert : *ceci* n'était bon à rien ; *cela* n'avait nulle valeur ; il convoitait tout ce que nous avions, tant son avarice était insatiable. Après avoir été jusqu'à la menace, et avoir affiché tant d'insolence, sans résultats, il craignit à la fin de n'avoir rien du tout, et prit ce que nous lui avions présenté d'abord. La pièce d'étoffe que la reine de Boussa nous avait donnée était, à elle seule, dix fois plus qu'il ne méritait.

A Abbazacca, nous avons vu une barre de fer forgée en Angleterre, et un cocotier, cet arbre gracieux et de bon augure, qui, depuis si longtemps, n'avait réjoui nos yeux. Enfin, nous avons entendu de nouveau avec délice le sifflement doux et cadencé des perroquets gris. Toutes puériles que puissent paraître ces circonstances, elles nous firent battre le cœur de joie, éveillant une suite d'idées et de souvenirs doux. Nous nous livrions à de vives et trompeuses espérances. Mais à quoi bon dire nos rêveries, et tout ce que nous espérions ?

Le chef, qui s'était d'abord offert à nous accompagner, et qui avait dit ensuite qu'il enverrait avec nous un homme, en qualité de messager, à la grande ville, distante d'une journée d'Abbazacca, et dont il prétendait que son frère était gouverneur, imaginant sans doute que, s'il venait lui-même, il tirerait meilleur parti de nous, changea une troisième fois d'avis, et se résolut à nous suivre. Il entra donc dans un de ses canots : de notre côté, ayant tout terminé, sans son aide et celle de ses gens, nous nous mîmes en route, et ne prîmes de lui nul souci. Nous quittâmes le village, nous dirigeant à travers un marécage, vaste et malsain, qui s'étend jusqu'à la rivière, que nous eûmes beaucoup de peine à gagner.

Grace à la légèreté de son canot, fort supérieur à celui que nous avions acheté à Zangoshie, le chef nous dépassa facilement, et toucha à plusieurs villes et villages pour informer les habitans que des chrétiens, venant d'un pays dont ils n'avaient jamais entendu parler, descendaient la rivière à sa suite. On nous pressa vivement de nous arrêter à un ou deux endroits, pour satisfaire la curiosité des naturels, qui accouraient par centaines jusque dans l'eau afin de nous mieux voir ; mais nous ne quittâmes pas notre canot. Les curieux nous apportèrent en présent quantité d'oeufs, que nous acceptâmes avec joie, saluant de la main, et passant outre.

Pendant la première partie du jour, le cours

de la riviere était Ouest-Sud-Ouest, et la largeur de deux à quatre milles, d'après notre estimation. A midi, nous vîmes un petit bras, se dirigeant au Sud-Est. Le chef d'Abbazacca, qui nous avait tenu compagnie, semblait impatient de la lenteur de notre marche, et s'approchant de nous, il nous dit de forcer de rames, sans quoi nous n'atteindrions pas la ville de son frère avant la nuit. Nous ne fîmes pas grande attention à ses remarques, et poursuivîmes tranquillement notre route, gardant notre allure accoutumée. La rive Nord-Ouest était alors très-basse, et couverte d'épais taillis; le terrain était inondé par places, et les arbustes semblaient croître dans l'eau. Sur la rive Sud, un peu plus haute, on voyait de loin en loin, à une distance de trois à quatre milles, des pièces de terre cultivées, et des groupes d'habitations.

A deux heures, nous étions en face d'un village, d'une assez grande étendue, et devant lequel nous comptions passer, en longeant le bord opposé : mais, à peine avions-nous paru, que nous fûmes salués de grands cris par un petit homme, portant une veste de soldat anglais, et qui nous cria, de toute la force de ses poumons: « Holà! ho! Anglais! venez par ici! » Mais, pressés d'arriver à la ville où nous conduisait le chef d'Abbazacca, et le courant nous entraînant, d'ailleurs, avec une grande rapidité, nous n'avions nulle envie de nous rendre à cet appel, et ne fîmes pas autrement attention au petit homme. Déjà, nous avions dépassé l'attérage, quand une douzaine de canots, se mettant à notre poursuite, nous atteignirent; les naturels qui étaient à bord nous signifièrent que nous eussions à revenir sur nos pas, parce que nous avions oublié de présenter nos respects au roi. Le nom du village était Damuggou (*Damuggo*), comme on nous l'apprit alors. Toujours disposés à obliger les gens, autant qu'il était en notre pouvoir, et n'étant pas non plus en état de passer outre, et de nous tirer, par la force, des mains de ceux qui nous avaient abordés avec si peu de cérémonie, nous nous mîmes à ramer contre le courant, et, après une heure d'un rude et pénible exercice, nous prîmes terre au milieu des clameurs et des applaudissemens d'une multitude immense. La première personne que nous aperçûmes, était notre petit ami, à la veste rouge; il louchait horriblement, et n'était ni plus ni moins qu'un messager du chef de Bonny, envoyé ici avec mission d'acheter des esclaves pour son maître.

Nous fûmes de suite conduits, mon frère et

moi, à un grand arbre fétiche, planté au milieu d'un marais, et au pied duquel on nous fit asseoir : l'ombre de ses larges branches nous garantissait de l'ardeur insupportable des rayons d'un soleil brûlant. Là, nous attendîmes le chef, qui parut au bout de quelques minutes. Il apportait en présent une chèvre, avec quantité d'ignames et autres provisions. Nous nous levâmes pour le saluer ; il nous tendit la main, nous accueillant d'un air réservé et mélancolique, et cependant amical. Son costume et tout son extérieur n'avaient rien de remarquable ; mais sa physionomie était pleine de douceur, et d'une bienveillance mêlée de gravité et d'une sorte de dignité naturelle. Sa taille est au-dessus de la moyenne, il touche à l'époque où commence la vieillesse. Il nous pria de séjourner quelque temps dans sa ville, ce que nous avons promis volontiers. Lorsqu'il sut que nous allions à la mer, il nous dit que le messager du chef de Bonny s'y rendrait sous quelques jours, et nous conseilla de l'attendre pour faire route avec lui. Ce plan paraissait raisonnable, et le petit homme louche, personnage très-important, pouvait nous être utile, et nous protéger dans les lieux où il était connu. Sa veste rouge même n'était pas chose à dédaigner ; elle lui donnait grande considération parmi les noirs qui l'entouraient ; et nous nous félicitâmes d'avoir sa compagnie, comme une garantie de plus.

Le chef nous fit nombre de questions, sur nous, sur notre pays, sur les lieux que nous avions parcourus, sur leur distance, en remontant la rivière, et aussi sur la rivière même. Nos réponses le jetaient dans un étonnement dont il avait peine à revenir. Jamais il n'avait entendu parler de pays sur le fleuve, au-delà de Funda, et de Tackoua ; par ce dernier nom il désignait le Nyffé ; il ne savait rien du Yarriba, du Borgou et de Yaourie. Un Mallam, d'aspect vénérable, nous joignit alors ; c'était un des sujets d'Édérésa : le chef de Damuggou l'avait fait venir pour qu'il lui écrivît des charmes capables de le protéger lui et son village, de tout malheur et danger. Cet homme semblait heureux de voir des gens qui arrivaient de son pays natal, dont il n'avait pas eu de nouvelles depuis un an. Aussi prenait-il plaisir à en causer avec nous ; il nous offrit ses services, se mit à notre disposition, et promit de faire tout ce qu'il pourrait pour nous rendre le séjour de Damuggou agréable.

On vint nous avertir que notre hutte était prête. Au moment de nous séparer le chef nous dit que nous n'étions qu'à huit journées de la mer, et que nous ne pouvions manquer d'y arriver avant peu. On nous conduisit, à travers de sales rues, obstruées de boue, jusqu'à une cabane extrêmement petite; la chaleur y était excessive, car l'air n'y pénétrait qu'à travers une étroite entrée, donnant sur un passage obscur et triste. L'intérieur vaut mieux que le dehors : elle est grossièrement enduite d'argile; tout autour se trouvent des figures de fétiches, maladroitement sculptées, et peintes ou plutôt barbouillées de rouge.

Dès que la nouvelle de notre arrivée se répandit, les habitans du village accoururent par centaines pour nous voir. Ils bloquaient si complètement toutes les ouvertures que nous étions en danger d'être suffoqués; et pas moyen de les chasser; nos gens s'armèrent de bâtons et d'épées pour les tenir à distance, mais inutilement. Leur curiosité dominait leurs craintes, et ils se pressaient et se succédaient par épaisses nuées. Ce n'était plus supportable; nous fûmes obligés d'envoyer prier le chef de vouloir bien intervenir. Il fit répondre que, si les gens ne s'en allaient à la première sommation, nous n'avions qu'à tirer dessus, et à en tuer autant qu'il nous plairait. Comme nous n'avions nulle envie d'avoir recours à cet expédient, nous lui demandâmes quelques-uns de ses esclaves pour chasser la foule. Ceux-ci arrivèrent bientôt, armés de lourds et gros bâtons, et firent pleuvoir sans pitié une si épouvantable grêle de coups sur les pauvres curieux, qu'à notre grand soulagement, notre hutte se vida, et nous pûmes enfin respirer.

A six heures du soir, le chef nous envoya un peu de fofo, et un plat de chevreau qui eût suffi pour trente personnes. Nous fûmes agréablement surpris en trouvant, parmi ces provisions, une petite caisse de rhum; luxe qui nous était inconnu depuis Kiama. Il y a déjà long-temps que nous n'avons goûté ni thé, ni café; et nous étions loin de nous attendre à du rhum; malheureusement il était de la plus mauvaise qualité.

Ici, à notre grande surprise, nous vîmes, en débarquant, outre le petit homme revêtu d'une veste d'uniforme, plusieurs autres nègres couverts de haillons européens, et qui tous jargonaient quelques mots de mauvais anglais qu'ils ont attrapés dans leurs rapports avec les équipages des nombreux vaisseaux de Liverpool, qui viennent charger de l'huile de palmier, dans la rivière de Bonny. L'envoyé du chef de ce pays, qui achète ici des esclaves et de l'ivoire, affirme que le vaisseau, le *Bambou*, et quatre autres bâtimens de Liverpool, sont maintenant à l'ancre dans la rivière Bonny, à quatre ou cinq journées de notre station.

Après un bon repas de chèvre bouillie et de fofo, nous nous disposions à dormir, lorsque nos éternels ennemis les mosquites s'emparèrent de nous, et ne nous quittèrent plus jusqu'au jour. Nous avons généralement remarqué que les attaques et l'acharnement de ces insectes redoublent toujours aux approches de la pluie. La direction du fleuve a été la même aujourd'hui qu'hier, le courant très-rapide.

CHAPITRE XVIII.

Le chef de Damuggou. — Divinité fétiche. — Visite au chef. — Augure fâcheux du fétiche. — Promesse d'un autre canot. — Superstition et crédulité du peuple. — Histoire du roi d'Atta. — Anxiété des voyageurs. — La ville de Damuggou. — Ses ressources. — Châtimens. — Doutes élevés sur le succès des voyageurs. — Cérémonie d'adieux. — Départ de Damuggou. — Compagnons de voyage. — Désastre de Kirri. — Récit de John Lander. — Le palaver, ou conseil. — Décision du conseil. — Le peuple d'Éboé.

Jeudi, 28 octobre. — Au point du jour, nous avons essuyé un violent tornado, accompagné d'éclairs et de tonnerre. A dix heures, le chef, escorté du Mallam du Nyffé, vint nous rendre visite. Il était paré d'une calotte de drap rouge, d'une très-belle tobé de soie cramoisi moiré des fabriques du Nyffé, avec des pantalons de même étoffe, et des sandales. Il nous apportait du vin de palmier, des œufs, des bananes, des ignames, etc. : il nous invita à dire ce que nous désirions, nous assurant que tout ce qu'on pourrait se procurer dans la ville était à notre disposition. Il nous dit que, ni lui, ni son père, n'avaient jamais vu d'hommes blancs, quoiqu'ils l'eussent ardemment désiré; notre présence le rendait tout-à-fait heureux. Il nous pressa de le venir voir; et nous y consentîmes de grand cœur. En vérité, c'est un des meilleurs compagnons que nous ayons rencontrés.

Bientôt après, nous nous rendîmes chez lui, traversant quantité de huttes fort basses qui conduisaient à celle dans laquelle il était assis. Par dessus ses habillemens, il avait jeté à la hâte une magnifique peau de léopard. Il tenait à la main son bâton de commandement, recouvert aussi de la peau d'un animal sauvage; et deux pages, placés à ses côtés, rafraîchissaient l'air, en agitant de grands éventails ronds, de peau de bœuf. Il nous fit un accueil gracieux, avança des nattes pour nous faire asseoir, et fit apporter du rhum pour nous ranimer. Il désirait savoir comment nous avions traversé tant de pays; car il avait appris que nous venions de fort loin, d'une ville nommée Yaourie, dont il n'avait jamais auparavant entendu prononcer le nom. Nous lui dîmes, en peu de mots, d'où nous étions partis, où nous avions été, où nous allions, appuyant à dessein sur toutes les prévenances dont nous avaient comblés les plus grands monarques, et sur tous les égards qu'ils nous avaient témoignés. Notre récit sembla l'étonner ; il nous assura que comme ses hôtes nous ne serions pas moins honorablement traités par lui. Il exprima de nouveau l'extrême plaisir que lui causait la vue d'hommes blancs, et ajouta que son père eût été bien heureux d'être honoré, pendant sa vie, de la visite de tels voyageurs. Lorsque Antonio, notre interprète, lui eut expliqué que nous étions les ambassadeurs du grand roi des blancs, une expression de plaisir anima sa physionomie : « Il faudra demain faire quelque chose en votre honneur », dit-il ; et il nous laissa conjecturer ce que pouvait être ce quelque chose. Son intention, comme nous en fûmes bientôt informés, est de célébrer des réjouissances publiques auxquelles tout le peuple prendra part. On doit faire des décharges d'armes à feu, et passer la nuit en danse et en festins. Lorsque nous le quitterons pour continuer notre voyage par eau, il enverra un de ses canots, monté par neuf hommes, qui nous escorteront jusqu'à la mer. Il nous engageait à prolonger notre séjour d'une huitaine, pour que son monde fût de retour du marché de Bocquâ. « Je pense, ajouta-t-il, que le chef des messagers de Bocquâ, et mes gens seront une protection suffisante. » Sa proposition a été acceptée sans difficulté. Je lui fis entendre que nous avions disposé de tous les objets qui pouvaient être offerts en présens, lui promettant que, s'il envoyait avec nous jusqu'à la mer quelqu'un de confiance, nous lui ferions passer de nouveaux cadeaux de la côte. Cette offre a paru le satisfaire ; il nous dit que son propre fils nous accompagnerait; et, quoique ses gens n'eussent jamais descendu le fleuve plus bas que Kirri, à une journée d'ici, il ne doutait pas que nous n'arrivassions à la mer sans accident. Après des témoignages réciproques de bienveillance et d'amitié, il prit l'engagement solennel de nous laisser partir au terme désigné; nous nous sommes séparés en bonne intelligence.

Avant de nous quitter, le vieux chef nous prévint que ceux qu'il nous conviendrait d'admettre auraient seuls permission de nous rendre visite. En conséquence, les principaux habitans de la ville, hommes et femmes, sont venus nous voir. Tout ce monde était fort bien vêtu; ils se sont conduits décemment. Cependant, vers le soir, des milliers d'autres individus vinrent nous harceler, nous laissant à peine la faculté de respirer. Au-dessus d'Egga, les gens nous témoignaient moins de curiosité; mais, dans cette dernière ville, dans les pays au-dessous et ici même, rien ne peut se comparer à la surprise et à l'étonnement qu'excite notre présence.

Vendredi, 29 *octobre*. — La promesse d'hier s'est accomplie aujourd'hui d'une façon éclatante. Dès le matin, un bœuf sauvage, encore libre et dans le taillis, nous a été offert, à condition que l'un de nous l'abattrait d'un coup de fusil. Paskoe prit son arme, et, ayant découvert l'animal, qui ruminait à l'ombre, il l'ajusta, et le tua du premier coup. Une partie de la victime a été donnée au roi, suivant l'usage; notre vieil ami, le Mallam, ne fut pas oublié, le reste fut porté à notre logis pour notre consommation. Les bestiaux n'entrent jamais dans la ville; on les laisse errer librement, et, quand les habitans ont besoin d'un bœuf, ils vont le tuer dans les bois; mais tous ne sont pas aussi experts que notre homme, à qui nous avions conseillé de charger son fusil de deux balles et de viser au-dessous de l'oreille. Il ajusta si bien, que le bœuf tomba mort sans se débattre, au grand étonnement du chef et des habitans, témoins de cet exploit.

Derrière notre cabane, sous un toit de hutte soutenu par quatre piliers de bois, est abrité un dieu fétiche, constamment gardé par une femme et deux jeunes garçons : on nous pria de

faire rôtir notre bœuf à portée du dieu, afin qu'il pût se régaler de la fumée de la viande, et en manger même un morceau, si le cœur lui en disait. Mais on nous a expressément recommandé d'éloigner de lui les ignames, considérés comme une nourriture trop chétive pour lui être offerte. Tous les habitans sont idolâtres; ils adorent des figures du même genre que celles du Yarriba.

De grandes réjouissances doivent avoir lieu aujourd'hui pour célébrer notre arrivée : la chasse au bœuf n'en est que le prélude. Chacun apprête ses armes, et se dispose à les ranger sous l'arbre fétiche, avec des frondes.

A six heures du soir, la cérémonie commença par une décharge d'armes à feu, commandée par le chef; puis, toutes les frondes furent mises en mouvement, et les pierres lancées en notre honneur : à ce signal, les habitans s'avancèrent, et, animés par l'exemple de leur monarque, ils firent un feu continuel et bien nourri, sans interruption jusque vers minuit; ensuite, ils parcoururent les rues de la ville pendant le reste de la nuit, qui se passa en chants, en danses, en divertissemens. Paskoe prétend que chaque homme avait un fusil; le nombre de ces armes doit être considérable, car le feu est aussi vif que sur un champ de bataille, et il est impossible de dormir au milieu de ce tintamarre.

Samedi, 20 octobre. — Malgré toute la poudre brûlée cette nuit, et quoique les fusils de nos imprudens fussent chargés à triple charge, nous n'avons pas ouï dire qu'il fût arrivé le moindre accident. Cette cérémonie nous contrariait beaucoup; cependant, c'était la plus grande marque de respect et de déférence que l'on pût nous donner, et jamais auparavant on n'avait accordé pareil honneur à aucun individu. Il nous parut indispensable d'aller remercier le chef de l'accueil distingué qu'il nous avait fait. Un peu avant midi nous sommes donc allés lui rendre visite, nous faisant accompagner de quatre de nos gens. Il était entouré de ses prêtres, occupés à faire un fétiche, pour s'assurer si nous arriverions à la mer sans accident. Le Mallam du Nyffé était assis à ses côtés, écrivant sur un bonnet de coton blanc uni, que le chef devait porter en toutes occasions, des prières mahométanes, qui avaient pour but de le préserver de toute espèce d'accident et de danger.

Il nous reçut fort bien; nous pria de nous asseoir, de rester quelque temps avec lui, et nous offrit un verre de rhum, qu'il nous fallut accepter et boire, bien malgré nous, car la liqueur n'avait rien d'attrayant, et la chaleur de la salle était si excessive que nous suffoquions, quoique deux de nos hommes, munis de grands éventails, ne cessassent pas d'agiter l'air autour de nous pendant toute la séance. Après avoir exprimé nos remercîmens, des honneurs de la veille, nous félicitâmes le chef sur sa puissance, les ressources de ses états, et sur la grandeur d'âme qu'il avait montrée, en recevant avec tant de magnificence des étrangers, dont il s'était fait de véritables amis et de chauds partisans.

« Le grand roi blanc, dit-il, apprendra avec plaisir comment j'ai traité ses sujets ; faites-lui connaître ma dignité, mes richesses, ma force et mon pouvoir. » Nous crûmes en avoir dit assez; le gouverneur était parfaitement satisfait d'avoir eu l'occasion de déployer sa puissance, et il était content de nous, qui avions si bien su l'apprécier. Empressés de nous retrouver en plein air, nous le priâmes donc de nous excuser, si nous ne restions pas plus long-temps, et ayant échangé une poignée de mains nous lui souhaitâmes une bonne journée.

Un homme du Nyffé, qui s'est volontairement exilé de son pays, et qui est arrivé ici depuis peu, nous a appris, dans la conversation, que les naturels se procurent tous ces fusils et tous ces mousquets à la côte, où ils les échangent contre des esclaves et de l'ivoire. Le même homme assure que Bornou et Jacoba sont en paix; et que, par suite, la route de Funda à *Kouka*, capitale de l'empire du Bornou, est libre et sans aucun danger. Enfin il dit que l'on peut aller de l'une de ces villes à l'autre en dix-sept jours, par terre; mais que le trajet par eau, en remontant la Tshadda jusqu'à Kouka, serait de dix-neuf jours. Selon lui, Edérésa, l'ancien roi du Nyffé, a cherché à intéresser en sa faveur le sultan de Bornou, et lui a envoyé une ambassade, avec un présent de peaux de léopards et un certain nombre d'esclaves; mais, quand notre donneur de nouvelles a quitté le pays, on ne croyait pas généralement que le monarque de Bornou voulût se mêler des affaires du Nyffé, ou tenter de relever le parti d'Edérésa, à moins que ce dernier prince ne consentît à rompre toutes relations avec les Fellans, et à prêter son assistance au sultan de Bornou, pour les extirper et les exterminer, malgré ses liaisons avec eux. Quoi qu'il en soit, les destinées du Nyffé sont accomplies : c'est un pays conquis dans toute la force du terme, et un Fellan y règne en maître absolu.

Dimanche, 31 *octobre*. — On nous a donné à entendre que le gouverneur de Damuggou, en dépit de sa promesse et de ses engagemens, pourrait bien nous retenir plus long-temps qu'il ne nous conviendrait. A dix heures, il m'envoya chercher, et je me hâtai d'obéir à ses ordres. Je le trouvai au milieu d'une conversation sérieuse, engagée entre lui et ses prêtres. Dès qu'il m'aperçut, il m'invita à m'asseoir à ses côtés. Sa physionomie était sombre, mais il ne me laissa pas long-temps dans le doute sur ce qu'il avait à me communiquer. Se tournant vers moi, il poussa un profond soupir, et m'annonça, d'un air consterné, que malheureusement le fétiche qu'il avait fait pour nous la veille ne présageait rien de bon ; il était sûr que nous serions assaillis par mille dangers avant d'atteindre la mer. Tout cela était dit avec le plus grand sérieux ; il semblait réellement accablé d'inquiétude et de chagrin. Je le priai de ne pas s'affecter ainsi pour ce qui nous regardait, l'assurant que nous ne redoutions rien, que nous n'avions fait de mal à personne en Afrique, et que nous mettions toute notre confiance dans la protection de notre Dieu. « C'est bon, « reprit-il » ; si mes gens reviennent demain du marché de Bocquâ, vous partirez sous peu de jours. » Je le remerciai de sa bonté, et lui souhaitant le bonjour je le quittai.

Dans le cours de notre entretien, il m'a dit que, si nous nous hasardions à pousser plus loin sans guide, et sans messager, nous rencontrerions une foule d'obstacles invincibles ; et que pour lui il ne consentirait jamais à nous laisser partir sans escorte, dans un canot aussi mauvais que le nôtre, et qui faisait eau de toutes parts ; cela ne convenait pas à des gens de notre rang. « Votre canot, dit-il, n'est pas digne de voir la mer. » Il est vrai que, constamment exposé à la chaleur du soleil, il s'est fendu en plusieurs endroits. Le chef s'était occupé de nous en procurer un beaucoup meilleur; mais, à son grand regret, il ne pouvait nous fournir des hommes qu'après le retour des gens envoyés au marché de Bocquâ ; et, partis le matin même, ils n'étaient attendus que dans trois jours. A cela il n'y avait point de remède, et nous nous sommes résignés à attendre, sans faire de plaintes ou d'objections inutiles.

Dans la soirée, nous avons fait présent au chef d'un fusil, appartenant à l'un des hommes de notre suite, et de ma montre brisée, qu'il doit envoyer à Bonny pour la faire réparer. Nous n'avions que cela à lui offrir, à l'exception de quelques aiguilles, d'une paire de bracelets et des habits que nous portions, et qui ne paraissaient nullement lui plaire. Nous lui avons promis que, si ses gens nous conduisaient sains et saufs à Bonny, nous lui enverrions par eux des présens plus riches, plus dignes de lui, et que nous pourrons nous procurer sans peine des vaisseaux anglais, que nous y trouverons. Cette proposition a été très-bien accueillie, et le chef nous en a exprimé sa gratitude de toutes les manières. Il sait avec quelle facilité on trouve, à l'embouchure de la rivière, toutes sortes d'articles de fabrique européenne, et il compte sur un magnifique présent. Certainement, sa conduite à notre égard, depuis notre arrivée, est un titre à notre reconnaissance. Il ne cesse de nous prodiguer des témoignages d'intérêt; tous les matins il nous envoie des provisions qui suffiraient pour cinquante hommes, et il y ajoute encore du vin de palmier, du rhum, des noix de coco, des bananes, et quantité d'autres bonnes choses et friandises du pays.

Une grande partie de la population de Damuggou est partie ce matin pour le marché de Bocquà. On en rapporte de la poudre, des fusils, du savon, des cotonnades de Manchester, et grande quantité de rhum, ou plutôt d'eau et de rhum, car il n'y a pas un tiers d'esprit dans ce qu'on vend aux naturels, encore est-il de la plus mauvaise qualité. Ils donnent en échange de ces marchandises, de l'ivoire, des esclaves, qui passent de suite aux mains des Européens.

Le Niger se retire rapidement; hier et aujourd'hui il a baissé de trois pieds; nous en concluons que les pluies ont cessé dans l'intérieur, quoiqu'elles commencent seulement à diminuer ici.

Les habitans de ces contrées ont à peine entendu parler de la religion de Mahomet, et adorent quantité de dieux et de démons, comme les habitans du Yarriba et d'autres provinces de l'intérieur. Ils ont des dieux tutélaires pour chaque individu; ils en ont aussi qui ne se mêlent que des affaires publiques, et qui ont pour tâche de veiller à la sûreté et aux intérêts de tous. Leurs danses religieuses, leurs chants, hymnes ou cantiques diffèrent peu des cérémonies des autres pays idolâtres; les croyances se ressemblent beaucoup; ce sont les mêmes superstitions, les mêmes cérémonies. Il n'y a rien de particulier ni de neuf dans leurs idées sur l'immortalité de l'âme, les récompenses et les châtimens d'une autre vie.

Le dernier occupant de la hutte qu'on nous a donnée est mort, il y a peu de jours, et a été enterré. Mais hier soir, on a déclaré publiquement que son dieu tutélaire l'avait ressuscité, et replacé au nombre des vivans. On prétend que ces aventures ne sont pas rares; tout le monde croit, ou semble croire à ce prodige. Le mortel, ainsi favorisé, a été placé au centre d'une longue procession, accompagnée de chanteurs et de danseurs, comme il est d'usage. On l'a promené dans toute la ville, et montré gratis à tous les curieux. Quand le cortége sortit de la maison du gouverneur, un messager vint nous demander si nous désirions voir le miracle et le revenant; mais nous avons refusé cet honneur. Il eût été extrêmement désagréable d'avoir notre hutte encombrée d'une multitude de gens malpropres et à moitié nus. Quelle sera la fin de l'aventure et de l'homme, c'est ce que nous ignorons; mais on suppose généralement qu'il mourra demain une seconde fois.

Il nous semble peu probable que le chef, homme de sens et dont l'intelligence est assez cultivée, ajoute la moindre foi à semblable folie. Sans doute, il n'ignore pas les jongleries que ses prêtres emploient pour abuser de la crédulité du peuple; mais des considérations politiques le décident à fermer les yeux sur leurs fraudes, et à les appuyer; ce qui semblerait confirmer cette explication de sa conduite, c'est que, récemment, il a fait venir du Nyffé un prêtre mahométan qui s'occupe à broder sur la tobé du prince quelque charme arabe. Il a confié tous ses secrets à cet homme, et le comble de bienfaits; mais, que le prince soit au fond idolâtre ou musulman, c'est ce qu'il serait difficile de décider. Au surplus, quelle que soit sa confiance dans ce Mallam, un blanc et un chrétien ont, dit-il, de bien plus grands droits à sa vénération, et, pour preuve, il nous a demandé de lui préparer un charme puissant, qu'il est persuadé que nous sommes seuls capables de faire. La vertu de ce charme doit, surtout, consister à le rendre heureux en guerre et à lui assurer des victoires. Son frère, roi d'un puissant état voisin, est son ennemi depuis plusieurs années; ce qu'il désire de nous, c'est que nous lui donnions les moyens de vaincre ce frère, de l'assujettir, *de lui mettre le pied sur la gorge*, et de régner à sa place. Voici l'origine de cette inimitié, telle qu'il nous l'a racontée.

Le dernier roi d'Atta était un prince très-puissant, et, comme possesseur d'argent et d'esclaves, l'un des rois les plus opulens dont on ait jamais ouï parler dans le pays. Le nombre de ses domestiques s'élevait à cinq cents; et, par son industrie, ses soins, sa frugalité, il avait accumulé pendant sa vie une telle quantité de cauris, que sept à huit huttes, de dimensions ordinaires, n'auraient pu les contenir. Grande était son influence sur les nations voisines; toutes redoutaient son pouvoir; leurs chefs recherchaient et ambitionnaient son alliance. Ils l'achetaient au prix de concessions humiliantes. Ce monarque prit une part très-active dans les affaires intérieures et politiques du royaume de Funda, dont il releva ou abaissa les souverains, au gré de son caprice ou de ses ressentimens.

Or, il arriva qu'enfin ce puissant roi mourut, obéissant au sort commun auquel les plus grands monarques ne peuvent échapper. Il fut enterré avec des honneurs infinis, et, suivant l'usage du pays, toutes ses richesses furent enfouies avec lui dans sa tombe. Le fils aîné, qui était avare et sans génie, succéda à son père : héritier de son pouvoir, non de ses trésors, il ne possédait pas un cauri. Le sentiment pénible de sa pauvreté, le peu de respect que lui témoignaient ses sujets, le refus de toute considération de la part de ses voisins, lui inspirèrent de sérieuses réflexions sur l'utilité, la valeur et le but de l'argent, et sur la pénurie et les soucis qui sont le partage de ceux qui en manquent. En proie à mille doutes, à mille perplexités, il oublia sa tendresse filiale, le respect qu'il devait à la mémoire de son père, et en vint à conclure que, l'argent enterré ne pouvant être d'aucun usage au défunt dans l'autre monde, ce serait œuvre charitable et digne de louanges que de le déterrer, et de le remettre en circulation; et, pour empêcher que cet abus ne se renouvelât plus tard, il condamna le cadavre de son père à un châtiment public. Poursuivant son raisonnement jusque dans ses plus rigoureuses conséquences, il viola la sainteté du tombeau, fit ouvrir la fosse, et commanda qu'on en tirât le corps. Ensuite, il s'empara des richesses enterrées, fit couper la tête au cadavre et le fit exposer en un lieu public et apparent, en punition de l'avarice sordide que son père avait montrée pendant sa vie, et comme châtiment du crime odieux dont il s'était rendu coupable à sa mort, en exigeant que tous ses trésors fussent enfouis avec lui : enfin, cette sentence avait encore pour but d'épouvanter ceux qui seraient tentés d'imiter le roi défunt. Un pareil manque de piété filiale, une action aussi atroce et aussi dénaturée, le déshonneur imprimé par un fils aux restes de son père, et par-dessus tout, le mépris d'une coutume que le temps avait rendue respectable, et qui avait eu la sanction de plusieurs siècles, firent une impression muette, mais profonde, sur l'esprit du peuple. L'indignation, d'adord comprimée, éclata tout à coup avec fureur : une sanglante guerre civile s'alluma, et un parti puissant fut bientôt formé, et résolut de déposséder ce prince impie. Ils placèrent à leur tête son plus jeune frère, et les hostilités commencèrent. Cependant, ils avaient laissé échapper le moment favorable : le roi, affermi sur son trône, ne craignait pas leurs tentatives. Les rebelles furent mis en déroute sur tous les points, et ceux qui ne purent se dérober au supplice par la fuite, furent passés au fil de l'épée. Le gouverneur de Damuggou, notre hôte, est le frère malencontreux du roi d'Atta, qui avait pour appui et pour second, dans cette expédition malheureuse, notre ami, le chef de Bocquâ. Ces précédens expliquent la répugnance du dernier à envoyer un guide avec nous à Atta. Il craignait avec raison pour les jours de son messager, et il est probable que l'événement eût justifié ses craintes.

Mardi, 2 *novembre*. — C'est une chose extrêmement mortifiante, et capable de faire perdre tout courage, que de nous savoir si près de nos compatriotes, et du terme de notre voyage, et cependant de ne pouvoir avancer; et, il est horriblement pénible d'être contraint de plier sous la volonté d'un homme qui ne peut entrer dans notre manière de sentir, qui ne peut partager ni nos craintes, ni nos espérances, et qui nous trompe tous les jours par de fausses promesses. Ne voyant pas revenir les gens envoyés au marché de Bocquâ, malgré les assurances qui nous avaient été données de leur prompt retour, nous avons dépêché, ce matin, au roi, un message des plus énergiques, lui signifiant notre détermination d'affronter tout danger plutôt que d'être retenus plus long-temps à Damuggou, et lui rappelant en même temps sa promesse solennelle. Il nous a répondu sur-le-champ que, d'après notre requête, nous étions parfaitement libres de quitter la ville le jour même, si nous jugions prudent de le faire. Quant à lui, il croyait devoir nous déclarer que, si nous prenions ce parti, il ne pourrait nous protéger, sur la rivière, que jusqu'à une journée de distance, où réside le chef d'un très-vaste pays, entre les mains duquel il se verrait forcé de nous remettre. Il ne doutait pas que ce monarque n'exigeât de nous un présent considérable, et ne nous retînt plusieurs semaines. Tandis qu'au contraire, si nous consentions à attendre deux jours de plus l'arrivée de ses gens, il pourrait nous faire conduire jusqu'à Bonny, sans aborder à la résidence de ce chef, ni même à aucune ville importante. De deux maux nous avons choisi le moindre, et notre résolution est prise d'attendre encore un jour ou deux. Si quelque chose pouvait nous consoler de cette suite de contrariétés, ce serait l'honnêteté, la générosité, la bonté du chef à notre égard.

La nature du terrain et les pluies récentes, ont rendu les rues de Damuggou si fangeuses, que nous ne pouvons mettre le pied dehors sans nous exposer à être couverts d'une boue noire et dégoûtante. Nous sommes donc forcés de garder le logis ; et notre hutte, qui n'a pas plus de six à sept pieds de diamètre, est si triste et si sombre, que nous ne pouvons voir à lire ou à écrire ; ajoutez à cela que, depuis le matin jusqu'à la chute du jour, nous sommes envahis par une bande d'impudens coquins, qui viennent se planter devant la porte, et restent au passage comme autant de blocs de marbre, interceptant jusqu'à la moindre particule d'air. Le chef, auquel nous avons porté de graves plaintes, nous répond sérieusement qu'il n'y a qu'à *leur couper la tête;* mais, ne goûtant pas l'idée de voir rouler à nos pieds toutes ces faces noires et grimaçantes, nous avons recours à des moyens plus doux, qui, jusqu'ici, n'ont pas produit grand effet. Dès que vient le soir, et que la lune brille au-dessus de nos têtes, nous cherchons les douceurs du sommeil ; mais comment dormir, quand des légions de mosquites viennent bourdonner autour de votre figure, vous assaillir et vous tourmenter sans pitié ? Le chef lui-même et ses sujets sont souvent chassés de leurs cabanes par les attaques insupportables de ces insectes, et réduits à les fuir, et à chercher au milieu de la nuit un abri contre eux en plein air, ou sous les arbres ; mais nous ne pouvons recourir au même expédient ; et nous passons, bien à regret, ces longues heures sans sommeil, à faire une guerre à *mort* à *nos ennemis acharnés*, et à en tuer le plus possible, jusqu'à ce que les premiers rayons du jour les chassent et nous en délivrent.

Mercredi, 3 *novembre*. — En général, l'habillement des gens du pays consiste en cotonnades de Manchester ; si toutefois on peut appeler habillement un morceau d'étoffe attaché autour des reins, et tombant un peu plus bas que le genou.

La tobé de l'intérieur de l'Afrique, ajustement d'un aspect propre et gracieux, est réservée ici au roi et à quelques-uns des principaux habitans. A la vérité, ces peuples paraissent avoir peu de communications avec les habitans des provinces plus enfoncées dans les terres ; et nous avons trouvé la civilisation toujours décroissante à mesure que nous approchons des côtes. Les femmes recherchent les verroteries, mais ne font cas que de ce qu'il y a de plus beau et de plus coûteux en ce genre. Elles ne portent pas d'autres ornemens. Damuggou est une ville grande, populeuse, mais abominablement sale. Les huttes, de forme ronde, sont construites à peu près comme celles de Zangoshie. Les murailles sont en terre, et soutenues par des poteaux en bois et des lattes. Toutes sans exception ont la plus pauvre et la plus chétive apparence.

Ceux des habitans qui ne se livrent pas au commerce, s'occupent de la culture du sol. Les ignames et le maïs forment la principale nourriture des classes pauvres, qui ne mangent guère autre chose. Les bananes et les figues bananes sont importées d'un état voisin; mais le prix ne permet qu'à peu de personnes d'y atteindre. Au reste, si l'on ajoute les noix de cocos, on aura la liste complète de tous les fruits et de tous les végétaux connus dans ce pays. Les naturels n'ont jamais vu de riz, quoiqu'il croisse en si grande abondance dans le reste de l'Afrique, et presque dans leur voisinage immédiat. Quant aux différentes espèces de grains que l'on cultive en grand, à Funda et dans le Nyffé, ils ne les connaissent pas; ou plutôt ils s'imaginent que les avantages à retirer de la culture de ces diverses céréales, ne les indemniseraient pas de la fatigue des travaux, et de l'attention qu'exigeraient les plantations et les récoltes : au lieu de naturaliser dans leur pays une foule de plantes utiles, ils se bornent donc à cultiver l'igname et le maïs, le plus dur de tous les grains.

Les habitans de Damuggou n'ont jamais vu un cheval, et n'en ont pas même la moindre idée. Leurs animaux domestiques sont le chien, le mouton, la chèvre, la poule ordinaire. Ils ont peu ou point de bêtes à cornes, mais quantité de volaille et de chèvres; leurs moutons, en petit nombre, sont inférieurs à ceux de l'intérieur des terres. La rivière fournit d'excellent poisson, qui compense la rareté des autres alimens.

Le roi nous a fait une visite ce soir; il était fort bien vêtu d'une belle tobé, soie et coton, des manufactures du Nyffé. Il nous a de nouveau assuré que nous partirions demain. Ses hommes ne sont pas encore de retour, il est vrai, mais ils sont attendus, et arriveront certainement avant la nuit. Il a mis tant de cordialité, de franchise apparente, dans ses promesses, que nous sommes tentés d'y croire.

Malgré son air bienveillant, et la dignité calme qu'il conserve dans toutes ses actions, le gouverneur de Damuggou affiche une extrême sévérité dans ses châtimens; il pousse même quelquefois la cruauté jusqu'à faire tomber des têtes pour de légères offenses. Ce matin, un intéressant jeune homme, parent très-proche du roi, si ce n'est son propre fils, a été accusé d'avoir dérobé une pièce de cotonnade de Manchester dans les magasins du monarque. Il avoua son crime, et sur-le-champ fut condamné à mort; la sentence devait être exécutée ce soir; mais s'adressant à nous en anglais, il nous a suppliés, de la façon la plus pressante, d'intercéder pour lui; il assurait que, si tous les habitans de la ville parlaient au roi en sa faveur, leurs sollicitations et leurs prières seraient vaines, tandis que la demande d'un homme blanc était irrésistible. Nous envoyâmes d'abord Paskoe au chef, pour lui demander avec instance de consentir, à notre considération, à pardonner au délinquant, ou du moins à commuer la peine capitale en un sévère châtiment corporel. Mais notre message échoua contre l'austérité du juge. La réponse de ce dernier fut caractéristique. « Dites aux blancs que l'intercession d'un noir, quel qu'il fût, serait inutile et sans résultat aucun. Jamais je ne lui accorderais pareille faveur; mais, si les deux étrangers viennent à moi, ou si l'un d'eux me demande formellement et en personne, la vie de ce garçon, peut-être pourrai-je me décider à lui pardonner.» Mon frère se hâta de profiter de cette insinuation; il flatta la vanité du chef, en allant lui lui-même présenter sa requête; et par cette simple démarche, il sauva la vie du coupable qui paraît sincèrement reconnaissant. Enfin, cette après-midi, à cinq heures, les gens partis pour le marché de Bocquà sont revenus; et le gouverneur nous a envoyé dire aussitôt de nous tenir prêts à quitter Damuggou demain soir. Il continue à nous traiter avec bonté, et ne nous a laissé manquer de rien; nous avons eu abondance de tout ce que le village peut fournir. Ses envoyés ont ramené peu d'esclaves de Bocquà; les demandes étaient si nombreuses, qu'on avait peine à s'en procurer; c'était le but principal du voyage; cependant ils étaient allés chercher aussi quelques autres articles de commerce.

Jeudi, 4 *novembre*. — Notre départ et le sort qui nous attend ont sérieusement occupé le chef et ses prêtres, pendant presque toute la journée. Le fétiche, déjà célébré, n'ayant rien présagé de bon, ils ont recommencé; et, dans l'espoir de découvrir quelque augure plus favorable pour notre voyage à Bonny, et aussi pour s'assurer s'il convient ou non que nous nous mettions en route aujourd'hui, ils ont soigneusement consulté les entrailles de plusieurs oiseaux; mais on n'a obtenu que de sinistres réponses. De pareils motifs ne pouvaient cependant changer notre détermination. Suivant les arrangemens faits par le chef, nos gens doivent s'embarquer avec les gros bagages, dans le canot qui fait eau, tandis que mon frère et moi, prenant avec nous ce que nous avons de plus précieux, nous voyagerons dans un de ses propres canots, qu'il nous prête. Nous n'avons rien à objecter à ce plan, notre vieux canot ayant été passablement réparé.

Un peu après quatre heures, nous commençâmes à transporter nos effets au rivage, et à charger les canots; avant cinq heures tout était prêt : assis dans l'embarcation, nous n'attendions, pour quitter la ville, que l'arrivée de nos rameurs qui ne semblaient nullement pressés de se montrer. Notre situation devenait fatigante, et à mesure que les heures s'écoulaient, notre impatience allait croissant. Des centaines de gens étaient accourus pour nous voir. Plusieurs, venus tout exprès en bateau de différentes parties de la ville, ayant amplement satisfait leur curiosité, se retiraient dans toutes les directions, de sorte que nous étions comme abandonnés. On ne pouvait parler au chef, il s'occupait d'accomplir un rit religieux avec ses prêtres, et nous restions livrés à des réflexions qui n'étaient pas agréables.

Enfin, notre embarras était au comble, quand

nous aperçûmes le gouverneur, qui s'avançait vers nous avec une suite nombreuse. Le Mallam et les principaux habitans l'accompagnaient, et l'on apportait quantité de jarres de vin de palmier. On étendit une natte sur le bord de l'eau; le chef s'y assit, et nous engagea instamment à nous placer à ses côtés. Alors on présenta le vin et quelque peu de rhum; et comme nous étions sur le point de faire un long adieu à notre hôte hospitalier, nous cédâmes à ses instances, ne voulant pas l'affliger par un refus. Le vin de palmier coulait à grands flots dans les bols, et les naturels, qui épiaient d'abord tous nos mouvemens avec inquiétude, semblaient ravis de voir leur chef et leurs prêtres si familiers avec les hommes blancs. Pendant ce temps, on chargeait sur le canot plusieurs défenses d'éléphans, des esclaves et des chèvres, envoyés en présent au roi de Bonny. Pour nous, un chevreau gras nous fut donné en partant, et l'on mit dans le sein de mon frère, un petit flacon de rhum comme un cordial pour la nuit. Nous bûmes, nous causâmes jusqu'à six heures et demie du soir, alors nous fîmes partir devant nous notre vieux canot, dont la direction fut confiée à Paskoe, à qui nous dîmes que nous allions bientôt le rejoindre.

Cependant, à notre grande mortification,

nous ne pûmes le suivre qu'à huit heures, ayant été retenus pour une autre cérémonie fétiche. Puis, le prêtre mahométan nous donna les dimensions et la forme d'un grand miroir, d'un beau sabre et d'autres objets qu'il nous priait de lui faire venir d'Angleterre; enfin, nous prîmes congé du roi en lui adressant nos sincères remercîmens pour la cordiale et généreuse hospitalité qu'il nous avait accordée. Notre canot et nos gens étaient partis depuis long-temps, et il faisait nuit noire lorsque, sautant dans le canot du chef qui nous attendait, nous nous lançâmes dans le courant. Nous étions déjà à quelque distance du rivage quand toute la bande fétiche s'avança dans l'eau jusqu'aux genoux, récita une longue prière, puis, de chaque pied alternativement, fit jaillir l'eau vers notre canot à mesure que nous nous éloignons. Damuggou est une ville étendue, formée de la réunion de villages épars sur la rive occidentale de la rivière. Nous arrivions à l'un des points les plus éloignés, lorsque plusieurs habitans s'élancèrent d'une langue de terre, et arrivèrent jusqu'auprès de notre canot, s'agitant autour, battant l'eau des pieds et des mains, pour apaiser la colère de leurs divinités et nous assurer un voyage favorable.

Ces Africains ne font rien qu'à-demi. On s'apperçut bientôt que nous n'avions pas un nombre suffisant de rameurs. Il fallut donc encore nous attarder devant le village, et demander deux hommes de supplément. Chaque fois que le canot s'arrêtait pour un motif quelconque, nos bateliers marmottaient à voix basse quelques sentences, peut-être quelques prières au fétiche dont ils imploraient le secours. Lorsque tout le monde fut dans le canot, nous glissâmes sur la rivière avec une étonnante rapidité, sans plus de retard, sans rencontrer d'obstacles, toujours voguant, jusqu'à minuit. C'était plaisir d'entendre les chants des bateliers, marquant la mesure avec leurs pagaïes; tout concourait à rendre la navigation agréable, si nous eussions été moins inquiets de Faskoe, et du canot parti devant nous sans messager ni guide. Cela nous décida à ne plus l'envoyer de nouveau qu'accompagné de mon frère ou de moi.

C'est entièrement à l'influence du Mallam que nous attribuons la bonne réception que nous a faite le chef de Damuggou. Les gens du Nyffé parlent toujours favorablement de nous. Les bons témoignages de ce vieillard nous ont certainement servis auprès du chef de cette ville. C'était un vrai chagrin de n'avoir à lui donner que de misérables aiguilles pour tous les services qu'il nous avait rendus pendant notre séjour. Il avait été notre interprète de toute occasion.

« *Vendredi*, 5 *novembre*. — Nous avons continué de descendre le fleuve jusqu'à deux heures du matin; alors nous avons fait halte près d'un village considérable, dont nous ne pouvons donner le nom avec certitude. Nos gens y débarquèrent pour se reposer sous les branches des arbres et attendre la venue de notre canot, que nous n'avions pas vu, sans doute à cause de la nuit. Nous étions loin d'être à l'aise à bord, notre canot ne suffisant pas à contenir tout ce qu'on y avait entassé. Nous y étions pressés avec une douzaine de compagnons de route, un nombre considérable de chèvres, six esclaves, dont trois femmes, deux hommes et un joli enfant. Pas un de ces esclaves ne semblait regretter son pays. Ils savaient pourtant bien qu'ils seraient vendus à la côte, et transportés dans des contrées étrangères. Il n'y avait qu'une femme qui, pendant la nuit, criait et pleurait par accès; mais c'était évidemment une douleur affectée et qui avait pour but de troubler ses compagnons dans leur malheur, et de donner de l'ennui à ses gardiens plutôt que de soulager ses angoisses. De temps à autres quelques vigoureux coups de poing d'un des bateliers, assénés sur la tête de la misérable créature, la forçait au silence. Il était impossible aux esclaves de se coucher, faute de place : assis dans le fond du canot, pêle-mêle avec les chèvres, ils y dormaient profondément, quoique l'eau, pénétrant à travers les crevasses, ou passant par dessus bords, vînt continuellement battre leurs flancs nus. Le petit garçon, qui est envoyé en présent au roi de Bonny par le chef de Damuggou, n'est pas traité aussi rudement que les autres esclaves; ceux-ci, hommes et femmes, sont enchaînés durant le jour, et la nuit on leur ôte leurs fers. Ce sont des gens libres autrefois, mais qui, s'étant rendus coupables à Damuggou de quelques fautes légères, sont condamnés à un esclavage perpétuel et au bannissement.

Demain, il y aura marché dans le village près duquel nous avons fait halte, et plusieurs vastes canots, remplis de gens et de marchandises, sont en panne à côté de nous, leurs maîtres se disposant à vaquer à leur négoce, dès que le matin paraîtra. D'autres arrivent continuellement de divers endroits pour mêmes affaires, de sorte que nous sommes actuellement (quatre heures du matin) entourés d'une grosse escadre de canots des naturels. Le nôtre, y compris Paskoe et son monde, vient d'entrer dans la crique. C'est une barque lourde et grossièrement fabriquée, de beaucoup inférieure aux légers bateaux des naturels. Paskoe, à ce qu'il nous dit, a hêlé grand nombre de canots, les prenant pour celui où nous étions. Il est heureux, et cela témoigne en faveur de la moralité de ces peuples, qu'il n'ait pas été arrêté.

La rivière, tout en faisant nombre de détours, a suivi aujourd'hui une direction Ouest-Sud-Ouest. Sa largeur variait d'un à quatre milles, et le courant était très-rapide. Les bords sont bas, marécageux, couverts d'épais taillis entremêlés de palmiers.

Nous avons essayé de prendre un peu de repos; mais, n'y pouvant parvenir, à cinq heures, nous nous sommes levés, fatigués et engourdis; l'épaisse rosée qui était tombée nous avait complètement transpercés. Au lever du soleil, dans le but d'encourager nos gens, je les ai rejoints dans le vieux canot qui est chargé de tout notre bagage; car, s'ils ne font pas plus d'efforts, il n'y aura pas moyen de marcher de conserve avec les hommes de Damuggou; et, si les nôtres restaient trop en arrière, ils pourraient fort bien se perdre. Comme le canot de mon frère peut aisément me rattraper, je suis parti le premier, vers cinq heures, le laissant en arrière, lui et l'autre bateau plus léger.

Le village est fameux pour son huile de palmier. Il en produit en abondance, et les acheteurs de cette denrée sont nombreux. La rive était bordée de plusieurs centaines de naturels, en proie à l'irrésistible curiosité de voir un homme blanc; de sorte que, pour éviter des conséquences désagréables, les bateliers de mon frère, qui avaient passé leur temps à acheter des provisions, furent obligés, après mon départ, de repousser le bord, et, entre sept et huit heures du matin, ils continuèrent, en suivant mes traces, de descendre la rivière.

J'avais laissé une malle et la caisse de pharmacie dans le canot de mon frère, ainsi qu'une couple de fusils, dans le cas où il en aurait eu besoin, et, très-empressé de poursuivre, j'étais parti sans déjeûner, ce dont mes gens se montraient peu satisfaits. Bientôt ils se plaignirent de fatigue et demandèrent leur repas. Je les encourageai de toutes mes forces, afin de pousser plus loin avant de nous arrêter; et prenant, moi-même la rame, je leur donnai l'exemple, leur chantant en même temps : « *Rule Britannia* », et leur disant que, dans six ou sept jours, nous atteindrions la mer, et qu'alors je les récompenserais largement. Cette promesse produisit l'effet désiré, et nous poursuivîmes gaiement, bien qu'au fond je ne pusse m'empêcher de penser que les pauvres gens se plaignaient à juste titre.

A six heures, nous approchions d'un endroit où le Niger fait un brusque détour, et, le courant devenant très-rapide, nous fûmes emportés, avant d'y avoir pris garde, dans des remous, ou tourbillons d'eau, dont nous eûmes toutes les peines du monde à nous tirer. Il ne s'en fallut de rien que notre canot ne fût mis en pièces contre le rivage, et que nous ne fussions perdus. Ces dangers sont faciles à éviter en gardant le milieu du fleuve. A sept heures, nous vîmes une petite rivière qui, venant de l'Est, se jette dans le Niger, et dont les bords, comme ceux du fleuve même en cet endroit, sont élevés et fertiles. Peu après, nous observâmes une autre branche, de la même grandeur que l'affluent de l'Est, s'écartant à l'Ouest; et, à l'angle que sa rive droite forme avec celle du Niger, nous remarquâmes un grand marché, que l'on me dit être Kirri; on ajouta que l'eau qui coulait à l'Ouest descendait jusqu'à Benin. Un grand nombre de canots étaient amarrés à la plage; ils paraissaient très-grands, et avaient des pavillons flottans au bout de longs bambous. Sans nous en inquiéter, nous passâmes, et, peu de temps après, environ soixante canots, remontant le fleuve, arrivèrent en vue. Ils étaient grands, pleins d'hommes, et, de loin, faisaient un effet très-agréable. Chacun d'eux portait trois longues tiges de bambou, fixées à l'avant, à l'arrière et au milieu de la barque, déployant dans l'air de larges pavillons. En avançant, je vis, sur plusieurs de ces bannières, les armoiries de la Grande-Bretagne; sur d'autres, à fonds blancs, se dessinaient des figures de jambes d'hommes, de chaises, de tables, de flacons, de verres, et toutes sortes d'emblêmes de ce genre. Les équipages étaient très-nombreux et vêtus d'habits européens, à l'exception des pantalons.

Je me sentis ravi de joie à ce spectacle, surtout quand je distinguai nos vêtemens et nos bannières, et je me félicitai, certain que ces gens venaient de la côte; mais, au premier canot dont je m'approchai, tous ces rêves joyeux s'évanouirent. Un grand et robuste drôle, d'une physionomie féroce, me fit signe de venir à lui. Ils étaient, lui et ses gens, trop bien armés pour que je fusse tenté d'obéir. Je passai donc sans y prendre garde; mais, à l'instant, le son du tambour se fit entendre, plusieurs hommes s'alignèrent sur la plate-forme, et nous couchèrent en joue avec leurs fusils. Il n'y avait plus à reculer; fuir était impossible, avec notre lourde barque carrée, et combattre cinquante canots de guerre, équipés chacun d'une quarantaine d'hommes, la plupart aussi bien armés que nous-mêmes, c'eût été prodiguer follement la vie de mes rameurs et la mienne. Indépendamment des mousquets, chaque canot avait une longue pièce de quatre ou de six, amarrée à sa proue, et l'équipage était abondamment pourvu de sabres et de piques d'abordage.

Nos bateaux s'approchèrent donc, côte à côte, et notre bagage prit, avec une effrayante rapidité, le chemin de la barque du noir. Ce mode de procéder était peu de mon goût : mon fusil était chargé de deux balles et de quatre chevrotines; je visai le chef; j'allais tirer sur lui : un moment de plus, et il payait son insolence de sa vie, quand trois de ses gens, s'élançant sur moi, arrachèrent mon fusil de mes mains, et en un moment, je fus dépouillé de mon habit et de mes souliers. Cependant, voyant d'autres coquins enlever la femme de Paskoe, je perdis, dans ma colère, tout pouvoir sur moi-même :

et résolu à vendre du moins ma vie aussi cher que possible, j'encourageai mes hommes à se défendre jusqu'au bout, à l'aide de leurs pagaïes. Je me jetai sur la femme de Paskoe; aidé d'un des miens, je la tirai des griffes du noir. En même temps, Paskoe appliquait sa rame de bois de fer sur la tête du nègre, avec une telle énergie, qu'il l'envoya, tournoyant sur lui-même, tomber par dessus bord, et nous ne le vîmes plus.

Notre canot ayant été si complètement soulagé de notre bagage qui formait toute sa cargaison, nous avions un champ de bataille suffisamment vaste; et, débarrassés de notre adversaire, chacun de nous, pourvu d'une pagaïe, était fermement résolu à couper en deux le premier coquin qui oserait essayer de nous aborder. Il n'y eut pas de tentative nouvelle, et comme aucun des autres canots n'avait paru disposé à intervenir, je conservais une faible espérance de trouver parmi eux quelques amis; à tout événement j'étais déterminé à rejoindre les pillards qui m'avaient dépouillé, au marché vers lequel ils semblaient se diriger. Nous les suivîmes donc, aussi vite qu'il nous était possible. Mes hommes, maintenant que la fièvre du combat était refroidie, commençaient à penser à leur dénuement; tous leurs effets étaient partis, et, comme ils avaient perdu tout espoir de les retrouver ou de se venger des voleurs, ils pleuraient de rage, et accumulaient les exécrations. Je les priai de se tranquilliser, et mis tout en œuvre pour les calmer, leur disant, que, si nous nous en tirions, et pouvions en sûreté arriver à la mer, je leur paierais tout ce qu'ils avaient perdu.

Nous suivions toujours, d'aussi près qu'il nous était possible, le canot qui nous avait attaqués, quand quelques gens nous hélèrent d'une grande barque, qui, à ce que je découvris après, venait de la rivière du nouveau Calabar. L'un d'eux, qui paraissait avoir quelque importance, me cria de toutes ses forces : « Ho, hé, homme blanc! Français vous? Anglais vous? » — « Oui, oui, » répondis-je aussitôt. — « Entrez ici dans mon canot, » dit-il. A mesure qu'il parlait, nos barques s'approchaient rapidement : je passai dans la sienne, et il adjoignit trois de ses hommes aux miens pour conduire plus vite mon bateau au marché. Ces gens me traitèrent avec bonté, et le chef qui m'avait appelé me donna un verre de rhum. Il y avait avec lui plusieurs femmes qui parurent prendre un vif intérêt à mon sort.

Regardant alors autour de moi, j'aperçus

mon frère, venant vers nous dans le canot de Damuggou, et le même misérable qui m'avait pillé fut le premier à se mettre à sa poursuite. Comme nous avions été séparés toute la matinée, et que les événemens que je viens de raconter ne concernent que moi, la narration suivante de mon frère mettra le lecteur au fait de ce qui lui était arrivé au moment où je le retrouvai, et du désastre qui s'ensuivit bientôt après.

« Richard laissa le village, près de deux heures avant moi, et par conséquent il avait beaucoup d'avance sur nous quand le canot de Damuggou, dans lequel j'étais resté, quitta le rivage. Désirant le rejoindre, car il n'avait pas de guide, mes hommes firent d'incroyables efforts pour regagner le temps perdu, et la rapidité avec laquelle nous fendions le fleuve était vraiment merveilleuse.

La matinée était fraîche, sereine, délicieuse, et le soleil venait de sortir d'une masse de nuages sombres, bordés d'une frange de lumière argentée. Sur chaque rive, des collines, douces, à formes ondoyantes et couvertes de verdure, fuyaient les unes derrière les autres, et çà et là, variant leurs teintes claires, d'épais ombrages d'un vert foncé embellissaient le paysage. La surface unie et transparente de la rivière, troublée seulement par le mouvement de nos pagaïes dans son cours doux, calme et régulier, réfléchissait les sites enchanteurs qui lui servaient de cadre, et nous voguions joyeusement vers cette mer si ardemment désirée.

Il y avait une heure que nous avancions, lorsqu'ùn de nos hommes, qui se trouvait à la proue, crut découvrir, dans un canot, encore à une distance considérable, en avant de nous, une chèvre et un mouton que mon frère avait, le matin même, embarqués dans son bateau. Tout doute étant levé quant à l'identité des animaux, dans son esprit et celui de ses compagnons, car pour ma part j'avoue que ma vue était loin d'être assez perçante pour appuyer ou combattre leur conjecture, nous donnâmes la chasse au canot suspect. Mes bateliers rassemblèrent toutes leurs forces, et notre étroite barque fendit l'eau, comme une flèche fend l'air. Nous gagnions rapidement sur l'ennemi, et les gens du canot, soupçonnant nos intentions, filaient près du bord, s'efforçant de maintenir leur avance ; et, tournant dans un bras du fleuve, qui descendait au Sud-Ouest, ils s'allèrent perdre au milieu d'une quantité de canots, rangés le long d'un grand quai ou place de marché, située sur la rive droite.

Cela ne ralentit point le courage de nos gens, et ne les détourna nullement de leur poursuite; nous parvîmmes à découvrir les fuyards dans leur retraite; enfin, après grands débats et force menaces, les voleurs (car ils se trouvèrent tels) furent forcés de restituer la chèvre et le mouton: ce qui m'inquiétait extrêmement, ce qu'il m'était impossible de m'expliquer, c'était comment mon frère pouvait s'être laissé piller par deux hommes! Mon étonnement devint extrême lorsque, en approchant du marché, j'aperçus de grands pavillons que je pris pour des pavillons européens, fixés au bout de longues perches, et se déployant au-dessus de presque tous les canots rangés près de la grève. Sur un examen plus attentif, je m'assurai que ce n'étaient que des imitations, mais faites avec une habileté et une exactitude peu communes. Les couleurs anglaises paraissaient les plus en faveur, et le drapeau des trois royaumes flottait de tous côtés. Ma première surprise ne diminua pas, lorsque, en descendant à terre, je vis les gens du marché habillés à l'européenne; bien que, suivant la bizarre coutume des Africains qui ont quelques rapports habituels avec les nations civilisées de l'Occident, pas un d'eux n'eût un habit complet. Celui-ci portait seulement un chapeau, et un mouchoir de cotonnade de Manchester en ceinture remplaçait le pantalon et tout le reste du costume; celui-là avait une chemise, l'autre une veste, etc. La loi interdit à tous les naturels, excepté aux rois, le luxe des pantalons; et c'est ordinairement un mouchoir de poche commun qui en tient lieu. Cette foule formait le groupe le plus bigarré que nous eussions vu; rien sur terre de plus grotesque et de plus ridicule. Plusieurs de ces noirs avaient quelque teinture des langues anglaise et française.

Nous étant fait rendre justice, et ayant obtenu pleine satisfaction, nous regagnâmes le gros du fleuve, et nous vîmes plusieurs canots, d'une dimension surprenante, venant du Sud et se dirigeant vers nous. Ne soupçonnant aucun danger de ce côté, cet aspect inattendu ne fit naître en moi que de l'étonnement, et je résolus de passer au milieu de cette flotte pour mieux voir à droite et à gauche, et nous assurer que les barques ne contenaient rien qui fût à nous. Le moment d'après, une seconde escadre composée de bateaux pareils, était en vue, et dans l'un d'eux je découvris mon frère, que je reconnus bien vite à sa chemise blanche. J'imaginai qu'il revenait pour se faire rendre les animaux qu'on lui avait dérobés; ce qui me tranquillisa complètement.

En approchant, il devint évident que c'étaient d'énormes canots de guerre ; de larges bannières, de couleurs variées, ondoyaient au-dessus d'eux, une pièce de six était amarrée à chaque proue, et ces bateaux étaient pleins de femmes, d'enfans et d'hommes, tenant des armes à la main; la grandeur de ces barques était telle, que chacune avait besoin de près de quarante rameurs pour la faire avancer. Suivant notre projet, nous traversâmes au milieu, sans rien découvrir qui nous appartînt, et nous avions dépassé la flotte de quelques toises, quand, regardant en arrière, nous aperçûmes les canots de guerre, qui, faisant volte-face, nous poursuivaient vivement. Les apparences étaient hostiles; le sentiment du danger me frappa l'esprit, alors pour la première fois. Nous fîmes tous nos efforts; nous déployâmes toute notre énergie pour tâcher d'échapper; mais la peur s'était emparée de mes compagnons, elle anéantissait leurs forces; ils ne pouvaient ramer; nous n'avancions pas; notre canot fut atteint en un moment, et presque submergé, par la violence avec laquelle l'énorme barque qui le poursuivait se lança contre; un second choc jeta deux ou trois des hommes de Damuggou par-dessus bord, et à la troisième secousse la barque chavira et sombra. C'était comme une suite d'accidens magiques surnaturels, comme la foule d'aventures qui se pressent dans un mauvais rêve, tant les événemens se succédaient avec rapidité : et néanmoins, dans l'intervalle, une couple de drôles de mauvaise mine avaient trouvé le temps de sauter dans notre canot, et profitant du trouble où nous étions, en avaient enlevé presque tout le contenu avec une merveilleuse célérité.

Me trouvant dans l'eau, ma première pensée fut naturellement de chercher à m'en tirer; regardant donc autour de moi, je vis une centaine de visages dont l'expression n'annonçait rien de bon ni de compatissant. Je nageai, à tout hasard, vers un grand canot, séparé des autres, dans lequel je remarquai deux femmes et quelques enfans, car je pensais trouver chez eux un peu de pitié et de tendresse. Devinant mes intentions, un homme robuste, d'une stature gigantesque, géant noir comme charbon, pareil à ceux qui hantent les rêves des enfans, et de la plus hideuse physionomie, s'élança tout à coup vers moi, se baissa, saisit mon bras, et m'enlevant de l'eau, par un vigoureux effort, me laissa retomber, comme une souche, dans son canot, sans proférer une parole.

Revenu bientôt à moi, je m'assis, en compagnie des enfans et des femmes, et je vis des larmes couler le long de leurs joues. Dans l'attente d'une mort cruelle et instantanée, (car à quel autre dénouement, me disais-je, tout ceci peut-il conduire ?) les choses, les gens, qui m'entouraient ne faisaient qu'une vague impression sur mon esprit : mes pensées erraient au loin et je me disais que j'étais arrivé à ma dernière heure. Je rêvais, ainsi, sans suite, insensible au présent, indifférent à ce qui pouvait suivre ; lorsque, levant les yeux, j'aperçus mon frère, à peu de distance, me regardant fixement. Dès qu'il vit que je l'observais, il leva le bras, en me jetant un coup d'œil triste et significatif, et du doigt me montra les cieux. Oh, comme les profondes émotions de son âme étaient distinctement, éloquemment écrites sur sa physionomie : qui ne l'aurait compris ! Il me disait : « Confie-toi en Dieu. » J'étais accablé de douleur, les souvenirs de la patrie et des amis absens se pressaient en foule dans ma mémoire et anéantissaient mes forces : mon âme, toute entière, planait au-dessus des scènes de mon enfance et de ma première jeunesse ; ces impressions instinctives se ranimaient vives et poignantes; mais ce fut une seconde, un éclair: revenant à moi, je dis, à ce qu'il me semblait, un dernier adieu à toutes ces émotions déchirantes et chères, et, sevrant mon cœur et mes pensées de tout sentiment qui m'attachât à la terre, j'invoquai avec ferveur le maître, l'auteur de *toute vie*, *devant le trône* duquel je croyais bientôt comparaître. Je lui demandai de me donner force et consolation à cette heure d'épreuve. Mon cœur se calma; l'amertume de mes pensées s'adoucit, mon âme reprit sa sérénité première, et, quoique tout fût tumulte et désordre au dehors, tout était paix et résignation au-dedans.

Dans l'ardeur et la vivacité que toute la flotte mettait à nous poursuivre et à nous atteindre, chacun voulant sa part du pillage, il y eut conflit, et plusieurs des canots de guerre s'entrechoquèrent avec tant de violence, que trois ou *quatre furent renversés à la fois* : la scène de désordre et de confusion qui s'ensuivit, passe toute description. Hommes, femmes, enfans, s'attachant à leurs effets flottans, luttaient dans la rivière, criant, hurlant de toutes leurs forces, pour être sauvés. Les plus fortunés, restés à bord, frappaient leurs camarades, leur distribuant des coups de pagaïes sur la tète et sur les mains pour éloigner ceux qui se noyaient des canots qu'ils accrochaient, de façon à les faire chavirer. Quand le tumulte fut un peu apaisé, et que l'ordre se rétablit, le canot de mon frère, et celui dans lequel je me trouvais, s'approchèrent côte à côte, et ôtant sa chemise, Richard la jeta sur moi, car j'étais nu. J'entrai alors dans la barque où il était, pour que, quel que pût être notre sort, nous eussions du moins la douceur de nous consoler l'un l'autre, et de nous soutenir mutuellement, au milieu de nos souffrances ; mais je n'eus pas plutôt mis le pied dans le bâteau que j'en fus arraché par un bras robuste, auquel il n'y avait pas moyen de résister, et l'un de nos gardiens m'ordonna, avec des gestes furibonds, de me tenir tranquille à mes risques et périls.

Ne voulant point aggraver notre situation par un entêtement inutile, ou de vaines et ridicules bravades, je ne fis point de résistance et restai où l'on voulut, suivant silencieusement de l'œil les mouvemens de nos gardes. Plusieurs canots nous dépassèrent, se rendant au marché ; et parmi eux j'en remarquai un d'une grandeur extraordinaire. M'imaginant qu'il était neutre, et me flattant qu'il pourrait faire une diversion en notre faveur, je fis signe à ceux qui s'y trouvaient, et les saluai de la manière la plus amicale; mais leurs sauvages cœurs n'étaient accessibles à aucun sentiment d'humanité; ils ne connaissaient aucune des tendres émotions qui nous remuent quand un de nos semblables souffre et en appelle à nous. Je doutai presque un moment que ce fussent des hommes; une affreuse grimace enlaidit leurs traits grossiers et hideux. Ils se moquèrent de moi, frappèrent des mains, et firent rouler leurs pouces sur un lugubre tambour; alors, avec un rire de mépris haut et éclatant, les barbares plongèrent leurs pagaïes dans l'eau et poursuivirent leur route. C'était une cruelle mortification; je demeurai confus, humilié; il me sembla que mon cœur se resserrait encore, et je ne fis pas de nouvelles tentatives.»

Voyant mon frère nager dans le fleuve et les autres s'attacher à ce qu'ils pouvaient saisir pour se sauver, je mis tout en usage pour obtenir, des hommes du canot où je me trouvais, qu'ils allassent à son aide. Mais toutes mes prières furent inutiles. Craignant que ceux qui se noyaient ne fissent chavirer la barque en s'y attachant, ou qu'elle ne fût surchargée par le nombre, ils se tinrent à l'écart, et abandonnèrent les malheureux à leur sort. Les sentimens que j'éprouvai alors ne se peuvent décrire : tout notre bagage était pillé ; je voyais mon frère perdre ses forces sans pouvoir lui porter secours. Enfin, j'allais me jeter à l'eau lorsqu'il en fut retiré.

Les canots qui m'entouraient et le mien, se dirigèrent à la hâte, vers une petite île de sable, à peu de distance du marché ; et mon frère y arriva bientôt après ; les gens de Damuggou parurent ensuite, enfin, le chef et messager de Bouny ; tous ayant, ainsi que nous, perdu leurs propres effets, aussi bien que ceux de leurs maîtres. C'était une des conséquences de la confusion ; car, sans doute, si ces derniers avaient été reconnus, ils n'auraient pas été molestés. Nous fûmes tous obligés de rester dans nos canots respectifs, ayant fort piteuse mine, et notre tristesse s'accroissant encore des cris et des pleurs de nos bateliers et de ceux de Damuggou, auxquels mon frère et moi étions hors d'état de donner des consolations.

Après s'être arrêtés quelque temps près de cette île, les canots de guerre se formèrent en ligne et s'avancèrent vers la ville du marché, dont nous avons déjà parlé, qui se nomme Kirri, et qui était vraisemblablement le lieu de leur destination. Nous fûmes informés que l'on allait y tenir un *palaver* ou conférence, pour prendre en considération notre affaire; et, vers les dix heures du matin, une multitude d'hommes débarquèrent pour aller assister à cette espèce de conseil de guerre. Quant à nous, il ne nous fut pas permis d'aller à terre, mais on nous contraîgnit de rester dans les canots, la tête découverte, exposés à toute la chaleur d'un soleil brûlant.

Une personne, portant le costume mahométan, et qui, comme nous l'apprîmes plus tard, était des environs de Funda, vint à nous, et entreprit de relever notre courage, en nous disant, qu'il ne fallait pas nous laisser abattre, que nous avions beaucoup d'amis dans le palaver, qui parleraient pour nous; que tous ceux qui avaient l'habit musulman et qui venaient de Funda, étaient de notre parti, sans compter un grand nombre de femmes. Ces dernières, toutes habillées de soies de diverses couleurs, portaient à l'entour des chevilles de larges anneaux d'ivoire, du poids de quatre à cinq livres, et des bracelets moins grands, mais du même genre. Environ vingt canots, pleins de gens, étaient arrivés de Damuggou et des villes voisines; et, apprenant comment nous avions été traités, tous ces naturels s'étaient aussi déclarés pour nous, de sorte que nous commençions à penser qu'il y avait quelque chance de salut, et cet espoir nous remontait.

Un peu avant midi, la rivière étant libre, plusieurs coups de fusil furent tirés, comme signal, pour appeler les canots au marché, afin que tous les naturels se pussent rendre au palaver. Dans une vive anxiété de connaître les résultats d'une discussion qui nous touchait si fortement, et sans moyen de nous en informer, nous passâmes les heures en proie à toutes les angoisses de l'incertitude; tantôt accueillant les plus sombres présages, tantôt livrés à toutes les illusions de l'espérance.

La chaleur du soleil, à laquelle nous étions exposés en plein, était excessive, et je n'avais pas même une chemise pour me protéger contre l'ardeur de ses rayons. Je parvins à emprunter un vieil habit d'un des bateliers, qui parlait un peu anglais. Quelques-unes des femmes du marché s'approchèrent alors de notre barque, et nous regardant d'un air ému et apitoyé, tendirent les mains vers nous, comme pour nous dire: « Dieu vous a sauvé d'une mort cruelle. » Elles se retirèrent, puis revinrent au bout de quelques minutes, apportant un régime de bananes, et des noix de cocos. C'était un cadeau précieux, que nous prîmes joyeusement, pour le diviser entre nous et nos gens.

A ce moment, un grand tumulte s'éleva dans le marché, et une perquisition commença à bord des divers canots, pour y chercher nos effets; bien que la plus grande partie de ceux qui nous appartenaient fussent au fond de la rivière, on en retrouva quelques-uns, qui furent aussitôt portés à terre, et placés au milieu de la place du marché. Les Mallams vinrent alors nous inviter à descendre pour faire l'inventaire de nos bagages, et déclarer si tout y était bien. A ma grande satisfaction, je reconnus de suite la caisse qui contenait nos livres et un des journaux de mon frère; la boîte de pharmacie était auprès, mais toutes deux étaient remplies d'eau. Un grand sac de nuit de tapisserie, qui avait contenu nos vêtemens, était ouvert et dévalisé; il n'y restait plus qu'une seule chemise, une paire de pantalons et un habit, plusieurs choses de valeur avaient disparu; mes journaux, à l'exception d'un livre de notes, où j'avais inscrit mes remarques depuis Rabba jusqu'ici, étaient perdus. Il manquait quatre fusils, dont un avait appartenu à M. Park, quatre coutelas et deux pistolets; neuf défenses d'éléphant, des plus belles que j'eusse vues dans le pays, présens des rois de Wowou et de Boussa; quantité de plumes d'autruche, quelques belles peaux de léopard, une grande variété de graines, tous nos boutons, nos cauris, nos aiguilles, si nécessaires comme monnaie, pour acheter des provisions, tout cela avait disparu, et était, à ce que l'on assurait, enfoui au fond de la rivière; les deux boîtes et le sac étaient tout ce qu'on avait pu retrouver.

On nous engagea à nous asseoir; à peine avions nous obéi, qu'un cercle se forma autour de nous, et on commença à nous interroger. Mais, tout-à-coup, des clameurs, des cris et le cliquetis des armes se firent entendre; la foule prenant feu au bruit, les hommes tirèrent leurs épées, et, nous laissant là, coururent à l'endroit d'où partaient les sons. Les pauvres femmes fuyaient de tous côtés, emportant leur petit avoir vers la rivière; et, craignant nous-mêmes d'être foulés aux pieds, si nous restions plus long-temps assis à la même place, nous nous joignîmes aux fugitives; et tous, courant pêle-mêle jusque dans l'eau, nous sautâmes dans les canots, les éloignant du rivage, de façon à nous mettre hors d'atteinte. L'origine de cette échauffourée était la soif de pillage des gens d'Eboe. Voyant la petite quantité de nos effets, qu'on avait pu saisir dans leurs canots, étalés sur le marché, ils avaient fait une tentative désespérée pour les reprendre. Les naturels, presque tous de Kirri, armés d'épées, de dagues, de fusils, les attendirent de pied ferme, et les sauvages habitans d'Eboe, déjoués dans leurs projets, se retirèrent à bord de leurs canots, sans oser risquer l'attaque, bien que nous nous fussions attendus à être spectateurs d'une furieuse et sanglante mêlée. Le bruit, le vacarme, étaient effrayans et passaient toute description.

Ce fut, après tout, une heureuse circonstance pour nous, car mon frère et moi, ayant sauté par hasard, dans le même canot, nous nous trouvâmes réunis, et, pendant un temps trop court, nous pûmes causer ensemble sans interruption. Il me raconta alors tout ce qui lui était arrivé depuis le matin. Comme moi, il s'était trouvé au milieu du danger sans l'avoir prévu; et, n'appréhendant rien, il n'avait pris aucune précaution pour éviter ces immenses canots, dont il admirait de loin les larges pavillons flottans. Au contraire, ces enseignes remarquables et qu'aucun de nous n'avait encore vues sur le Niger, excitèrent sa curiosité, sans éveiller en lui ni crainte ni soupçon.

Le palaver n'étant pas encore terminé, nous eûmes tout le loisir de contempler la scène qui nous entourait. Nous étions amarrés à peu de distance de la rive. En face de nous était la place du marché, remplie d'une foule de peuple, rassemblé des contrées environnantes, et de diverses tribus. Une multitude d'hommes, à l'aspect sauvage, dont l'accent et les gestes étaient grossiers et terribles, et la physionomie féroce, étaient là, tenant entre leurs mains notre vie et notre liberté. Ils pouvaient nous condamner à l'esclavage et à la mort. Un soupçon, un caprice, suffisaient pour influencer leur détermination. Peut-être ils haissaient en nous une autre race; ils espéraient peut-être une rançon; mais pouvaient aussi craindre la vengeance et le châtiment, car nombre d'entre eux étaient venus des côtes, et une aventure comme la nôtre ne pouvait long-temps rester secrète pour nos compatriotes. Une rangée sans fin de canots, portant les couleurs européennes, au bout de longues perches, garnissaient le quai. Plusieurs d'entre eux avaient jusqu'à trois pavillons, tous d'une immense grandeur, et bordés d'étoffes de coton bleu dentelées. Indépendamment de ces drapeaux et bannières, il y en avait des formes les plus étranges et les plus grotesques, déployant au vent des figures de bêtes féroces, des jambes d'hommes, des flacons de vin, des verres et des emblêmes encore plus bizarres. Nous ne savons d'où ces barbares tirent ces pavillons; mais on nous a appris que chaque horde a son enseigne particulière, que l'on ne déploie que lorsqu'il est question d'une entreprise de quelque importance. Il y avait aussi des barques stationnées près d'une île ou banc de sable, au milieu de la rivière. Nous les supposions neutres, leurs propriétaires n'ayant paru prendre aucune part aux affaires de la journée. Mais il se trouva parmi eux un petit nombre de prêtres mahométans, bien vêtus, qui, venant du Nord, étaient arrivés tard au marché; ces derniers se montrèrent franchement nos amis. Ils nous bénirent à plusieurs reprises, tenant les mains élevées, et s'écriant : *Alla sullikee* (Dieu est roi)! Ils ne s'en tinrent pas à de simples démonstrations de pitié et d'intérêt; mais, comme nous le sûmes plus tard, ils se joignirent à l'assemblée, et parlèrent en notre faveur avec beaucoup de chaleur et d'énergie; taxant ceux qui nous avaient assaillis, de cruauté et de couardise, et proposant de leur faire couper la tête, sur la place, comme juste punition de leur crime. Ce langage hardi produisit un effet salutaire sur l'esprit des auditeurs.

Tandis que les pères et les maris étaient sur le rivage, la garde des canots était confiée aux enfans et aux femmes, qui nous firent de petits présens de bananes et de noix de cocos. Ce fut, ce jour-là, notre unique nourriture. Tous les naturels portaient aux jambes et aux bras de grands anneaux d'ivoire, qui avaient au moins un pouce d'épaisseur, sur six de largeur; ces ornemens étaient si lourds et si incommodes, que les femmes ne pouvaient faire un pas sans choquer les uns contre les autres ces malencontreux anneaux; leur marche gauche et gênée leur donnait la tournure la plus disgracieuse du monde. Elles avaient aussi le cou et le sein chargés de rangs de coraux, et d'autres graines et ornemens. Le reste du costume consistait en un morceau d'étoffe de coton brochée, ceignant la taille et descendant à mi-jambe.

Vers trois heures de l'après-midi, on nous a fait retourner à la petite île dont nous étions venus; puis, le coucher du soleil étant le signal de la fin du conseil, on nous a de nouveau fait revenir au marché. Toute la journée s'était passée en discussions et délibérations à notre sujet; et, le cœur palpitant d'anxiété, nous avons écouté la résolution définitive, exprimée à-peu-près dans les termes suivans : « En l'absence du roi du pays, les naturels présens avaient pris sur eux de considérer la catastrophe qui avait eu lieu le matin, et de rendre un jugement. En conséquence, ceux de nos effets qui avaient été sauvés de l'eau, nous seraient rendus, et le noir qui avait commencé les hostilités, en attaquant mon frère, perdrait la tête en expiation de sa faute, et pour avoir agi sans l'autorisation de son chef. Quant à ce qui nous était personnel, nous devions nous regarder comme prisonniers, et consentir à nous laisser conduire le lendemain matin à *Obie*, roi du pays d'Eboe, par qui nous devions être interrogés, et qui expliquerait ensuite sa volonté et son bon plaisir concernant nos personnes. » Nous entendîmes cette décision avec un sentiment de bonheur indicible; et, pleins de reconnaissance, nous rendîmes des actions de grâces à celui dont la main divine s'était étendue sur nous, pour nous sauver au jour du péril.

Il était probablement heureux pour nous qu'aucun objet de valeur, dans nos bagages, n'eût excité trop fortement la cupidité des naturels; et c'est peut-être à cette circonstance, et à l'envie de ceux qui ayant eu part à la conquête n'en avaient point eue au pillage, qu'il faut, après Dieu, attribuer notre salut. Suivant

Reliure serrée

la décision du palaver, notre boîte de pharmacie et notre malle de livres, toutes deux avariées par l'eau, nous ont été rendues. Mais nos habits, le fusil à deux coups de M. Park, que nous regrettons particulièrement, nos mousquets, épées, pistolets, ainsi que les armes de nos hommes, sont volés ou submergés. Les dents d'éléphant, quelques objets d'histoire naturelle, notre boussole, nos thermomètres, mon journal, le memorandum de mon frère, les notes, les livres de croquis, quelques cahiers du journal de John, et d'autres livres restés ouverts dans les canots, sans compter nos cauris et nos aiguilles, il ne reste pas trace de tout cela : heureux encore de nous retrouver nus, dépouillés de tout, et à la merci de barbares !

Le but de ces sauvages, en venant si loin de leur pays, ne nous a jamais été exactement expliqué ; mais, sans doute, c'était avec des projets de pillage, qui auraient eu leur plein effet, si nous eussions été plus nombreux et mieux approvisionnés. La capture de deux hommes blancs, que l'on supposait munis de riches cargaisons, semble, pour le moment, avoir déconcerté tous leurs projets, en jetant la défiance et la division parmi eux. En tous cas, il nous semble évident que ces guerriers n'ont laissé leur contrée natale que pour piller tout ce qui tomberait entre leurs mains, et pour aller commercer, chemin faisant, dans deux ou trois marchés comme Kirri, trafiquant avec les naturels du pays, quand ils ne se croient pas de force à enlever les marchandises sans risque de combats et d'effusion de sang. Ils sont amplement fournis de divers objets de négoce, comme poudre, fusils, coutelas, couteaux, étoffes de coton, poterie, peaux d'animaux sauvages, nattes, patates sucrées, racine de cassave, et espèces de chapeaux de paille d'une immense largeur; ils échangent ces objets contre des esclaves, de l'ivoire, des ignames et de l'huile de palmier. Il était évident que, plus d'une fois, ces drôles avaient fait à Kirri des tentatives de pillage qui avaient été aussitôt repoussées; de là venaient les cris horribles qui s'élevèrent à plusieurs reprises dans la place du marché, et l'état de désordre, de tumulte, d'alarmes successives, qui dura tout le jour.

Le soir, tout étant apaisé, des feux s'allumèrent à bord des canots pour apprêter les vivres, et le nombre des bateaux étant considérable, le Niger s'illumina de longues raies de lumières jaunes, qui faisaient l'effet le plus beau et le plus mélancolique. Nos cœurs se sentirent, tout de nouveau, pleins d'une émotion religieuse; mais nous étions les seuls qui songeassent à lever les yeux au ciel, les seuls dont l'âme fût touchée; et cet admirable site, cette heure solemnelle, cette obscurité mystérieuse, ne parlaient de Dieu qu'à nous.

Les hommes de Kirri ont un aspect sauvage; ils sont singulièrement forts et athlétiques. Leur seul vêtement est une peau de léopard ou de tigre, serrée autour des reins; leurs cheveux, nattés, sont collés à la tête par un épais enduit de terre rouge, et leur visage est couvert d'incisions coupées dans la chair, de façon à former de profonds sillons; chaque cicatrice, de deux à trois lignes de longueur, est teinte d'indigo. Il est à peine possible de distinguer un de leurs traits au milieu de toutes ces coutures, et jamais je ne vis créatures humaines plus défigurées. Les négresses d'Eboe ont de jolis traits, et nous ne pouvions nous empêcher de penser que c'était pitié que ces hideux sauvages fussent favorisés et bénis d'une si charmante race de femmes. La marque des gens d'Eboe est le bout d'une flèche, tatoué sur les tempes, la pointe tournée vers l'œil. On nous a annoncé que le chef du premier canot qui nous a attaqués sur la rivière ce matin, avait été mis aux fers, et qu'il était condamné à mort par les gens du lieu, qui se sont déclarés nos amis. Ils ont pris notre parti avec une telle vigueur et ressenti si profondément notre injure, que, si le roi d'Eboe, dont notre ennemi est sujet, refuse de faire exécuter la sentence, on affirme qu'il ne sera plus permis à aucun de ses canots de venir commercer dans le pays. Les femmes du condamné pleurent autour de lui, et mènent grand deuil.

Vers sept heures du soir, d'épaisses et larges nuées, montant de l'horizon, ont enveloppé les étoiles comme d'un linceuil; l'obscurité est devenue complète, et nous avons eu un tornado, suite ordinaire d'un jour étouffant. Il a été violent, mais court; la pluie est descendue par torrens; le vent hurlait et gémissait à travers les arbres, et tous les feux s'éteignirent à la fois. Notre canot était à-demi plein d'eau, nous étions inondés, presque noyés; mais, malgré tant d'inconvéniens, d'incommodités, de découragement, nous nous sommes arrangés le mieux que nous avons pu pour dormir jusqu'au matin, car nous étions épuisés par ce long jour d'anxiété et de fatigues.

CHAPITRE XIX.

Départ de Kirri.—Mode d'échange.—Caractère des naturels.—L'esclave infortunée. — Superstition des hommes des canots par rapport aux voyageurs blancs.—Brouillards épais.—Passage à travers un lac.—Arrivée à la ville d'Eboe.—Palais.— Description du roi Obie. — Entrevue avec ce monarque.—Peuple d'Eboe.—Ville. — Commerce. — Disputes; débats entre les naturels au sujet des voyageurs. — Décision du roi Obie sur leur sort. — Anxiété et désappointement. — Une dame d'Eboe. — Préparatifs de départ.

Samedi, 6 *novembre*. — Mon frère est souffrant de la fièvre, ce matin, je suis assez mal à l'aise, et nous n'avons rien à manger, et rien au monde qui nous puisse servir à acheter quelques alimens. Au lever du soleil, la barque où nous étions a été conduite, de l'attérage du marché de Kirri, à la petite île de sable du milieu du fleuve, où nous avons attendu jusqu'à neuf heures l'arrivée de deux canots de guerre, qui doivent nous convoyer jusqu'au pays d'Eboe, situé, d'après ce qu'on nous rapporte, à trois journées plus bas sur le Niger. Un des chefs est entré dans notre bateau, bien que déjà nous eussions peine à y tenir ramassés sur nous-mêmes, et sans la possibilité d'étendre un de nos membres. On a relevé le canot submergé; les gens de Damuggou ont retrouvé leurs esclaves, et n'ont à regretter que leurs effets et l'ivoire; perte dont ils seront, assure-t-on, indemnisés par le roi d'Eboe, à leur arrivée dans son royaume. Cette demi-promesse paraît avoir un peu relevé leur courage. Ils ont repris plus de vie et d'activité qu'il n'y avait lieu de l'espérer d'individus moitié noyés, battus, maltraités, le tout si récemment. Bien que nos dommages surpassent les leurs, nous sommes aussi gais qu'ils le peuvent être : nos âmes sont soulagées d'une accablante incertitude, nous pouvons maintenant regarder en avant avec toute espérance d'atteindre le but de notre voyage : nous allons descendre le fleuve, et, toute misérable que soit notre situation, nous tâchons de profiter de cette leçon sévère, et de nous réjouir d'en être quittes à si bon marché. Enfin, nos pensées se reportent avec douceur vers notre patrie, et reprenant notre ancien enjouement, nous jouissons de la fraîcheur du matin qui ranime nos forces, et pressons le départ de tous nos vœux.

A sept heures, disant adieu à Kirri, témoin de tous nos désastres, escortés de six grands canots de guerre, et accompagnés des gens de Damuggou, nous avons fendu les vagues rapidement. Les rameurs maniaient leurs pagaïes avec énergie, nous régalant d'une chanson du pays, qui semblait les animer et doubler leur vigueur. Nous étions bien disposés pour goûter leur musique, et jamais chant ne nous fit plus vif plaisir.

A neuf heures, nous dépassâmes deux belles îles peu éloignées de l'endroit où nous avions été attaqués. Elles étaient désertes et presque au centre de la rivière, large ici, d'environ trois milles. Sa direction nous semble Sud-Ouest, ou même plus à l'Ouest, mais ayant perdu notre boussole, hier, avec nos autres effets, nous avons peine à nous rendre compte des changemens du cours du fleuve, et ne pouvons nous guider que sur la position du soleil. A deux à trois milles d'intervalle, nous voyions de larges villages, de grandes villes sur les bords, qui, à peu de distance de l'eau, étaient élevés. Les hommes de notre flotille étaient probablement en guerre avec les habitans de cette partie du rivage, ou avaient quelque raison de les redouter, car ils passèrent sans s'arrêter et sans approcher de terre, bien qu'ils manquassent d'ignames.

A onze heures, les rameurs quittèrent leurs pagaïes, laissant, pendant qu'ils déjeûnaient, la barque suivre le fil de l'eau.

Pour alimenter l'escorte, il y a un canot *restaurant*, appartenant aux gens d'Eboe; lequel canot fournit aux autres des mets tout apprêtés. Nos gardiens à faces noires, sachant fort bien que nous n'avons, pour notre part, ni effets, ni cauris, ni aiguilles, ni, à la vérité, chose au monde dont nous puissions faire argent pour acheter de quoi manger, négligent tout à fait de prendre en considération l'état de nos estomacs. Nous n'avions cependant pas grande envie de partager leur repas, s'ils avaient eu fantaisie de nous y inviter; car, la façon sale dont ils accommodent les mets, nous inspirait un invincible dégoût. Les ignames sont d'abord bouillies, ensuite pelées, écrasées, mêlées avec un peu d'eau, et mises en pâte par des mains qui sont loin d'être propres. Comme cette partie de l'affaire demande d'assez grands efforts, les hommes qui s'en occupent transpirent abondamment et l'on peut deviner les conséquences. Voilà les causes de l'insurmontable aversion que nous éprouvons pour cette cuisine. Les naturels, qui ne sont pas si délicats, et ne s'inquiètent pas de ces bagatelles, nous plaignent de notre peu de goût. Ils mangent ordinairement avec leurs ignames un peu de poisson, fumé, séché, ou frais sorti de l'eau. Dans quelques grandes occasions, on remplace le poisson par un jeune chevreau, rôti avec sa peau et son poil. Ils ne se servent pour manger que de leurs doigts, et chacun plonge sa main dans le plat commun à tous. Cette coutume est universelle. Elle se retrouve chez les Maures barbaresques, les Arabes, les Mahométans de l'Inde, et, peut-être, dans plusieurs autres parties du monde.

Si ce n'avait été leur manière de préparer leurs mets, nous n'eussions pas hésité à nous joindre à eux, n'ayant rien mangé d'aujourd'hui ni d'hier, qu'un petit morceau de banane. Au bout d'une demi-heure de régal, nos rameurs reprirent leurs pagaïes, et les canots volèrent de nouveau sur le fleuve, qui serpentait entre des rives couvertes de grands arbres, dont les larges feuillages se recourbaient sur l'eau.

A quatre heures de l'après-midi, nous avons fait halte pour acheter des ignames, à une ville sur le bord de la rivière qui se dérobait presque tout à fait à la vue derrière les arbres, et au milieu d'épais taillis. Les canots ayant gagné le plage, six des bateliers bien armés descendirent, et se dirigèrent vers les habitations. Ils avaient été absens près d'une heure, quand ils reparurent, suivis d'un grand nombre de gens qui portaient des paquets. Une vieille femme, paraissant jouir de quelque considération, était avec eux. Les naturels de ces rives sont, dit-on, sans foi, sans loi, et se méfient les uns des autres, dans tous les rapports qu'ils ont ensemble. Nous eûmes occasion de voir jusqu'où va leur défiance mutuelle.

Le but de nos gardiens était de se procurer des ignames; quand ils eurent obtenu des habitans d'en apporter jusqu'aux canots, ceux-ci se munirent de fusils et d'épées, comme nos rameurs, et n'amenèrent avec eux d'autres femmes que la vieille dont nous avons parlé. Arrivée au bord de la rivière, ce fut elle qui fit ranger les ignames, par tas séparés, devant nos hommes, et les propriétaires, sur son ordre, se retirèrent à quelque distance. Alors les acheteurs inspectèrent chaque paquet, et ayant choisi celui qui leur paraissait le plus beau, ils placèrent à côté ce qu'ils considéraient comme l'équivalent de la valeur en étoffe, pierres à fusil, etc. La matrone examinait tout avec la plus grande attention. Si, à son avis, l'estimation était suffisante, elle prenait l'étoffe, la donnait au propriétaire du tas, et l'acheteur s'emparait des ignames. Au contraire, si l'étoffe ou l'objet offert par ce dernier n'avait pas, dans l'opinion de la vieille, assez de valeur, elle s'arrêtait un moment, laissant à celui qui marchandait ainsi silencieusement, le temps d'ajouter quelque chose à *son offre*; s'il ne le faisait pas, elle faisait enlever le paquet d'ignames, par le naturel à qui il appartenait, laissant l'acheteur libre de reprendre ce qu'il offrait en échange; tout ceci s'exécutait sans qu'un mot fût prononcé de part ou d'autre, et l'achat de notre provision d'ignames occupa trois heures pleines. C'était quelque chose de tout à fait nouveau et étrange, que de voir deux nombreuses troupes de gens échangeant des marchandises de cette façon; et l'air d'indifférence et de décision de la vieille négresse, quand elle regardait le prix offert comme insuffisant, était très-drôle et très-singulier. Elle savait fort bien que nos hommes ne se pouvaient passer d'ignames, et ils finissaient toujours par ajouter quelque chose, d'un air de mauvaise grâce, à leurs premières offres. La scène était de tous points remarquable. Plusieurs des hommes du canot étaient debout, réunis en groupe sur la rive, près de leurs embarcations, mousquets, sabres et piques en main; quelques-uns tenant les articles qu'ils étaient en train de marchander. Quantité d'ignames disposés par rangées en gros paquets, les séparait d'un autre groupe de villageois armés aussi; dans le large espace réservé entre les deux partis, se tenait la vieille femme, qui, sans ouvrir la bouche, mais d'un air d'importance et d'autorité, gouvernait l'affaire et dirigeait tout par signes, qui s'adressaient tantôt à ses gens, tantôt aux nôtres.

Nous ne pouvions nous empêcher de penser qu'à dix journées plus haut sur le bord de la rivière, on aurait disposé de tout ce qui approvisionnait le plus grand marché que nous eussions vu, en moins de temps qu'il n'en fallait ici pour vendre et acheter quelques ignames. Ce mode de commerce doit s'être établi entre les naturels par crainte de querelles et de rixes, ou faute d'entendre le langage les uns des autres, ce qui est assez difficile à supposer. Dans tous les cas, ce semble être une convention de gré à gré, car chacun était parfaitement au fait de ce qu'il avait à faire. C'est la première fois que nous avons été témoins de ce genre d'échange. Les villageois ont un aspect sauvage, qui rappelle celui des naturels de Kirri; mais nous n'avons point vu de marques tatouées sur leur visage ou sur aucune partie de leur corps. Ne comprenant pas leur langue, nous ne pouvions nous informer du nom de la tribu ni de celui de l'endroit; et à sept heures du soir nous continuâmes notre voyage.

Il était dix heures quand on arriva devant une petite ville, en face de laquelle on s'arrêta. Au lieu de rapprocher les canots du bord, et de descendre à terre, on se tint en panne, à quelque distance de la plage en cas d'alarme, ou d'attaque de canots étrangers. Il y avait longtemps que nous n'avions pris aucune nourriture, et nous avions souffert de la faim tout le jour sans rien obtenir. Peu après s'être arrêtés pour passer la nuit, nos gardiens nous donnèrent à chacun un morceau d'igname rôti, et nos pauvres hommes eurent la bonne fortune d'en attraper aussi leur part : c'étaient les premières qu'ils eussent goûtées depuis que nous avions quitté Damuggou. L'igname rôtie, trempée dans un peu d'eau, fut pour nous un repas plus savoureux que si nous eussions été traités avec la chère la plus splendide, et nous nous couchâmes dans le canot joyeusement pour dormir.

Le cours de la rivière, autant que nous pouvons en juger, inclinait au Sud-Ouest.

Dimanche, 7 novembre. — L'aube pointait à

peine, que nos gens étaient affairés à tout disposer pour le départ. Nous avions espéré en vain jouir d'un moment de sommeil, n'ayant rien pour nous garantir du froid et d'une abondante rosée qui nous trempait jusqu'aux os. La matinée était calme et d'une beauté surprenante ; et le sifflement clair et aigu du joyeux perroquet éveillait les échos des bois, et troublait seul le profond silence des campagnes, au moment où, prenant congé du peu de naturels que la curiosité avait de si bonne heure assemblés sur la plage, nous avons recommencé à suivre le courant. Certainement la direction du fleuve a changé dans ces deux derniers jours. Il ne serpente plus autant, et ses bords sont si bas et si réguliers, que l'on ne peut nulle part distinguer la plus petite élévation qui rompe leur ligne monotone. Pour la première fois, nous avons observé le fibreux manglier, entremêlé parmi les autres arbres des forêts. Les rives prennent maintenant un peu de cette uniformité si générale sur les côtes de la mer. Cependant, des deux côtés du fleuve, les habitations se rapprochent, les villages sont semés çà et là : bien qu'ils soient ensevelis dans les bois et qu'on ne les puisse voir de nos barques, on reconnaît aisément leur situation aux nombreux habitans qui s'avancent sur la plage, pour commercer avec nos rameurs. La banane, la figue banane et les ignames, sont cultivés dans ces campagnes, par quantités presque incroyables. Il est vrai que ces fruits forment le seul article d'exportation du pays, et, avec la petite quantité de poisson qu'ils peuvent attraper, l'unique nourriture des naturels. La plupart des riverains, quoique pauvres et misérables, paraissent doux et timides dans leurs manières, et passent pour être loyaux et droits dans leurs transactions; un petit nombre ont la réputation d'être hardis, cruels, rapaces. Ces derniers sont non-seulement redoutés de leurs voisins, mais connus et évités par tous; et les naturels qui, pour leurs affaires, montent ou descendent habituellement le Niger, ne s'exposent pas à rencontrer les tribus, dont le caractère n'est pas sûr, à moins d'être en nombre et bien armés.

Nos gardiens peuvent être rangés parmi les plus redoutables des riverains, et cependant ils ont des sentinelles occupées constamment à surveiller les rives quand le courant nous oblige à nous en rapprocher, afin de se garder de toute surprise et de toute embuscade. A cet effet, deux ou trois hommes se tiennent debout dans le canot, plusieurs heures de suite, portant un fusil d'une main, un coutelas de l'autre, pour intimider l'ennemi et le convaincre que tout est prêt en cas d'attaque. Le mode d'échange dont nous fûmes témoins hier, ou quelque chose d'à-peu-près semblable, était, à ce que nous croyons, primitivement en usage entre les naturels et les Européens, sur plusieurs points de la côte; et, si nous ne nous trompons, cette méthode n'est pas particulière à l'Afrique, et se retrouve chez les nations sauvages des autres parties du monde.

Parmi les esclaves de Damuggou, il y a une grosse, grasse, courte femme entre deux âges, à figure large et commune; au fait dans le nombre, il en est deux si parfaitement semblables l'une à l'autre, qu'on pourrait les prendre pour soeurs; pendant que l'une d'elles était assise avec les chèvres, dont par parenthèse la société paraissait lui être d'autant plus fatigante, que ces dernières se comportaient fort peu convenablement, elle poussa le plus profond, le plus douloureux soupir que j'eusse jamais entendu. Je la regardai; elle était assise si près de moi, que fréquemment les oscillations du canot m'amenaient en contact avec son corps nu, ce qui ne m'était nullement agréable, la femme étant fort sale. Elle venait de mâcher long-temps, avec un évident dégoût, un morceau d'igname bouilli, qui paraissait sec et froid, et qu'elle avait laissé tomber à côté d'elle. Elle restait ensevelie dans une profonde méditation; des larmes tremblaient dans ses yeux, prêtes à couler, tandis qu'elle attachait d'ardens regards sur un petit coin de terre de la rive orientale, qui fuyait rapidement de sa vue. Ses lèvres épaisses, un peu retournées, mais closes, tremblaient d'émotion. C'était une physionomie de douleur déchirante, d'angoisses continues, qui passait en éloquence tout ce que les cris, les lamentations peuvent avoir de plus véhément. Je n'ai jamais rien vu qui m'ait touché davantage. J'imaginai que la pauvre créature lamentait sa cruelle destinée, et que les mauvais traitemens de ses maîtres, dont l'un lui avait, peu avant, appliqué un coup de pagaïe sur la tête et les épaules, étaient cause de sa tristesse. Je songeai aussi qu'elle avait peut-être soif, et ne pouvait atteindre jusqu'à l'eau, et je m'enquis du motif de son émotion. Alors elle détourna lentement la tête, et, donnant un violent coup de poing sur le museau d'une chèvre, qui avait dépisté son morceau d'igname et le rongeait à belles dents, elle répliqua, montrant du doigt la petite place qu'elle avait regardée avec tant d'angoisse : *Là, je suis née!* La corde avait vibré; elle ne put plus contenir les sentimens qu'un moment avant elle ne réprimait que par un puissant effort, et, de plus en plus agitée, elle versa des torrens de larmes en balbutiant : *Là, mon pays!* Je fus ému, pénétré de la douleur de cette femme, et ma compassion eût été bien plus vive encore, si je ne l'avais vue, au milieu de ses larmes, frapper les pauvres animaux, ses compagnons de détresse, avec autant d'inhumanité qu'on en montrait envers elle. Les chèvres et chevreaux folâtrant, se jetant entre ses pieds et ses jambes, les avaient tachés de l'eau sale qui remplissait le fond du canot. Je pensai pour m'endurcir, qu'il devait y avoir peu de pitié, peu de bonté, dans le sein d'une femme, qui pouvait traiter avec cruauté les animaux qui partageaient son infortune. Mais il n'y en avait pas moins une profonde douleur, une douleur communicative, dans cette pauvre négresse. Les jours de sa première enfance, ses premiers passe-temps, les premiers jeux de cette gaie et douce phase de la vie, avaient passé devant ses yeux, au moment où la barque glissait devant ce petit coin de terre; et tant de douces associations d'idées, avaient rendu plus amer encore le sentiment de l'esclavage actuel, et de sa misérable condition. Peut-être trouvera-t-on étrange que je m'appesantisse sur un sentiment et des sensations qui paraissent si naturels à tous. On croit communément que le barbare le plus dépourvu d'intelligence éprouve quelque émotion quand, arraché de son pays, il est traîné en esclavage. Mais, loin que ce soit toujours le cas, les Africains, en général, montrent la plus stupide indifférence quand ils sont privés de leur liberté, et enlevés à leurs parens : l'amour du sol semble aussi étranger à leur âme que les dispositions sociales et les affections domestiques. Nous avons vu des milliers d'esclaves ainsi faits, quelques-uns plus intelligens que d'autres ; mais la pauvre petite femme trapue dont je parle, la compagne des chèvres, plongée dans la fange, dont la physionomie semblait n'annoncer qu'insouciance, stupidité, et peut-être idiotisme, sans la moindre lueur d'intelligence, elle seule montra quelques regrets en voyant pour la dernière fois sa patrie. « Là, je suis née ! » dit-elle, en fondant en larmes, pendant que le canot filait devant son petit coin de terre : « Là, mon pays ! »

A onze heures du soir nous arrivâmes à l'endroit de rendez-vous de toute la troupe, choisi pour y dormir dans les canots. Le fleuve aujourd'hui descendait vers l'Ouest-Sud-Ouest, ne s'écartant que peu de sa direction d'hier.

Lundi, 8 *novembre*. — Long-temps avant le lever du soleil, et comme il était encore nuit noire, nos canots se mirent en marche; car, le pays d'Eboe n'étant plus éloigné, les naturels désiraient y arriver d'aussi bonne heure que possible. La matinée se trouvait être brumeuse et triste, et sur les sept heures, le brouillard était devenu si dense que nul objet, quelque grand qu'il fût, ne se pouvait distinguer à quelques pieds de distance. Il en résulta beaucoup de confusion, et nos hommes craignant, comme ils le disaient, de se perdre, attachèrent les barques l'une à l'autre, formant ainsi de doubles canots, et nous avançâmes en rangs serrés. Cependant nous avions fait peu de chemin, depuis cet arrangement, quand les rameurs imaginant qu'ils avaient dévié de leur route, se déterminèrent à se rapprocher du rivage et à attendre là que le brouillard fût lévé. Il fallut une bonne heure de travail avant d'en venir à leur fin. Nous désirions beaucoup observer de près cette partie intéressante de notre voyage, mais nous fûmes contraints de renoncer à toute tentative de ce genre à cause des idées de superstition des naturels, qui s'étaient persuadés que, non-seulement c'était nous qui fesions naître le brouillard, mais que, si nous ne restions pas assis, ou plutôt couchés dans le canot (nous nous étions levés pour mieux voir), nous amènerions l'inévitable destruction de toute la flotille. Ils en apportaient pour raison que « Le fleuve n'avait jamais vu d'homme blanc avant nous, » et ils redoutaient les conséquences de notre hardiesse et de notre témérité d'oser regarder si attentivement les eaux. Cette ineptie, et d'autres de même nature, nous furent dites d'un ton si péremptoire et avec des gestes si décidés que, bien contre notre gré, nous fûmes contraints à nous étendre et à nous laisser recouvrir de nattes, afin de calmer les appréhensions. Nous ne pouvions oublier que nous étions prisonniers, et notre persistance nous aurait exposés à l'humiliation d'être couchés et retenus de force à fond de cale.

Nous avons côtoyé le rivage jusqu'à ce que le brouillard fût dissipé, et alors seulement on nous a laissés revoir le fleuve. Ayant un peu dévié de la route, nous nous trouvâmes sur une immense nappe d'eau, une espèce de lac, à l'ouverture d'une forte rivière, coulant à l'Ouest, et formant un bras considérable du Niger. Une autre branche, partant du même point, descend au Sud-Est; tandis que nous poursuivions notre route au Sud-Ouest, dans le principal lit du fleuve. Le tout formant *trois* rivières d'une prodigieuse grandeur, dont les bords sont bas, marécageux, et complètement couverts de palmiers.

Une heure ou deux plus tard, vers midi, un des hommes de notre canot, natif d'Eboe, s'écria « Voilà mon pays ! » en indiquant de la main un groupe d'arbres très-élevés, encore à quelque distance; et, dépassant une île basse et fertile, nous y fûmes promptement rendus. Là, nous vîmes plusieurs canots de pêche dont les propriétaires semblaient soupçonneux et craintifs, car ils refusèrent de nous approcher, bien que leur pavillon national, qui n'était autre que celui des trois royaumes, cousu sur un grand morceau de coton blanc, à découpures bleues, flottât au bout d'un long bâton à la proue. On nous dit que la ville était encore beaucoup plus bas sur la rivière. Cependant, en peu de temps nous arrivâmes à un large marais, entrecoupé en tous sens de petits canaux, dont l'un nous conduisit dans une eau dégagée de joncs, devant la ville d'Eboe. Il y avait là des centaines de bateaux dont plusieurs étaient plus larges qu'aucun de ceux que nous avions rencontrés jusqu'alors: tous fournis de huttes et auvens, de dimensions à offrir des habitations commodes à un grand nombre de naturels qui y demeurent constamment. Une de ces barques, faite d'un seul tronc d'arbre, contient jusqu'à soixante-dix personnes.

Le peu que nous avons pu voir des maisons éparses sur la rive, nous a donné une opinion favorable du bon sens et de la propreté des habitans de la ville. Les huttes sont de terre jaune, assez bien construites, plâtrées en dehors et couvertes de feuilles de palmier. Dans les cours régulièrement palissadées, annexées à chacune d'elles, croissaient des bananiers, des plantaniers, dont l'ombrage et l'aspect sont également délicieux. Comme nous passions devant les énormes canots, dont j'ai déjà parlé, deux ou trois drôles, bazanés, de taille colossale, me demandèrent, en mauvais anglais, comment je me portais, d'un ton de voix que Stentor aurait pu envier, et le serrement de main de ces nouveaux amis était, en conscience, un vrai châtiment, vu les robustes secousses qu'il fallait essuyer. Le chef de ces hommes s'introduisit à nous sous le nom de *Fusil* (Gun). Celui de *Canon* ou de *Tonnerre* aurait été aussi justement appliqué. Sans attendre nos questions, il nous informa que, s'il n'était pas précisément un grand homme, encore était-il une « sorte de petit roi militaire » : que son frère n'était rien moins que le roi *Boy* (Garçon), et son père le roi *Forday* qui, avec le roi *Jacket* (Jacquette), gouvernait tout le pays de Brass. Mais ce qui était infiniment plus intéressant pour nous que cette ridicule liste de rois, il nous apprit, qu'indépendamment d'un shooner espagnol, il y avait dans la *première rivière de Brass*, que M. Gun assurait être fréquentée par les marchands d'huile de palmier, de Liverpool, un vaisseau anglais, nommé le *Thomas de Liverpool.*

Pleins de joie à cette nouvelle, nous traversâmes une petite crique artificielle, si étroite, que nos canots pouvaient à peine s'y mettre en rang. On nous invita à y attendre que le roi eût fait connaître sa volonté à notre égard. Au retour du messager, on tira le canot, avec nous dedans, sur la vase et la boue, jusqu'à une distance considérable : nous en descendîmes alors, et l'on nous conduisit à notre hutte, semblable à celles que nous avions vues de la rivière. Il y avait en avant de la façade un petit pavillon soutenu par des colonnes de bois, et des nattes étaient étendues sur le plancher pour notre usage. L'aspect entier était si propre et si agréable, et cet air de simplicité et de netteté contrastait si fort avec tout ce que nous avions vu depuis tant de jours, que nous fûmes tout charmés de notre nouvelle demeure; et si la physionomie et la tournure de notre hôte avaient été un peu plus en harmonie avec les agrémens de sa maison, il nous semblait que nous aurions pu y passer quelques jours, au moins, fort à l'aise et avec joie. Mais ce n'était pas le cas: la dureté, la grossiéreté de la conduite de cet homme, répondaient à sa figure sombre et cruelle, et gâtaient tout le plaisir que nous aurions eu à nous étendre sur des nattes sèches et moëlleuses, après avoir été entassés trois jours dans un étroit canot, pêle-mêle avec des esclaves et des chèvres, trempés par la rosée, la nuit; brûlés, de jour, par le soleil.

Une ou deux heures de repos nous avaient rafraîchis et avaient ranimé notre vigueur, quand un messager du roi vint nous avertir que le monarque nous attendait pour nous voir et converser avec nous. N'ayant aucun moyen d'améliorer notre toilette, nous nous sommes levés, et avons immédiatement suivi l'envoyé. Cet homme, nous faisant passer en dehors de la ville, nous mena par des sentiers peu fréquentés à la cour extérieure du palais, devant la porte duquel était placée une statue de femme assise, faite en terre, et, comme il va sans dire, très-laide, et d'un travail informe. Ayant traversé cette cour, dans laquelle nous ne vîmes rien de remarquable, une porte de bois nous conduisit dans une autre beaucoup plus belle. Cette dernière formait un carré long, très-bien tenu et d'un aspect fort propre, dont les quatre côtés étaient ornés d'un joli portique. Près de la porte, nous vîmes avec étonnement un grand et lourd canon couché à terre. De cet enclos, nous passâmes dans un troisième, qui, comme le précédent, avait aussi des portiques, l'un desquels était rempli de femmes occupées à fabriquer une espèce d'étoffe, de coton et d'herbes sèches tressés ensemble. Vis-à-vis l'entrée, est une estrade en terre, élevée d'environ trois pieds au-dessus du sol, et ornée de nattes de différentes couleurs; un grand morceau de gros drap rouge couvrant le tout: à chaque coin, il y avait une petite figure accroupie, en terre aussi; mais il nous fut impossible de deviner si c'étaient hommes ou femmes qu'elles étaient destinées à représenter. On nous laissa là, au milieu d'une foule d'hommes armés, demi-nus, demi-habillés, réunis pêle-mêle à gauche de la plate-forme, les uns assis, les autres debouts, attendant l'arrivée du prince. Notre ami Gun était parmi eux, et réclama de suite la priorité de notre connaissance. Il babillait avec une prodigieuse volubilité, et, en moins de deux minutes, il s'était mis avec nous sur le pied de la plus intime familiarité, nous tapant sur le genou avec une vigueur peu commune, pour donner du poids à ses observations, et ramener de force notre attention à ses remarques. Ensuite, pendant que nous parlions, il reposait ses deux bras pesans sur nos épaules, riait aux éclats, à chaque mot que nous prononcions, regardait d'un air capable, et de temps à autre appliquait la large paume de sa main sur notre épine dorsale avec une *accablante* énergie; le tout en manière d'encouragement et d'approbation. Nous désirions lui faire éclaircir des questions qui nous touchaient de près, mais l'unique satisfaction que nous en ayons tirée et sa seule réponse était : « Oh oui! pour sûr! » phrase qu'il répéta si souvent, avec une emphase si particulière, et une si singulière grimace, d'un grotesque si irrésistible, que, malgré notre vexation, nous ne pûmes nous empêcher d'être grandement divertis.

Nous trompâmes le temps de cette facon, jusqu'à ce qu'une porte s'ouvrant subitement à notre droite, le redouté Obie, roi d'Eboe, parut devant nous. Après tout il n'y avait rien de bien effrayant dans son aspect; c'était un jeune homme, à physionomie éveillée, dont la figure douce et ouverte et l'œil étincelant annonçaient de la vivacité, de l'intelligence et un bon naturel, plutôt que la férocité dont on nous avait tant fait peur. Il nous reçut avec un sourire affable, nous prit les mains avec beaucoup de cordialité, nous complimentant fréquemment du mot «*yes* !» auquel sa science, en fait d'anglais, semble bornée, et qu'il avait sans doute appris pour les grandes occasions. Plusieurs courtisans, la plupart sans armes, et presque nus, suivaient leur souverain, et trois petits garçons, placés à ses côtés, avaient pour emploi de l'éventer au moindre signe.

Le costume du roi d'Eboe a du rapport avec celui que porte, dans les occasions solennelles, le monarque du Yarriba. L'aspect en était tout à fait brillant; et, à la profusion d'ornemens de coraux, dont il était orné, on eût pu donner à Obie le surnom du *Roi-Corail*. Nous le contemplions avec admiration sur son trône de terre. Son bonnet, en forme de pain de sucre, était tellement surchargé de rangées de corail, et de morceaux de miroir brisé, qu'il était impossible de deviner de quoi était faite cette coiffure. Son cou, ou plutôt sa gorge, était de même entouré de rangs si pressés et si serrés, qu'il semblait avoir peine à respirer, et que son visage en paraissait enflé. En opposition à ce collier de force, quatre ou cinq chapelets de corail, lâches, lui descendaient jusqu'aux genoux. Il portait un surtout espagnol de drap rouge, beaucoup trop court et trop juste : l'habit, orné d'épaulettes d'or, était garni sur le devant de broderies également en or, mais qui, de même que le bonnet, disparaissaient sous l'immense quantité de corail qui les couvrait. Treize à quatorze bracelets (nous eûmes la curiosité de les compter) garnissaient ses poignets, et, afin de mieux les montrer, la manche de l'habit avait été coupée et raccourcie de quelques pouces. De vieux boutons de cuivre attachaient les bracelets et contrastaient étrangement avec ce luxe. Les pantalons, de même étoffe que l'habit, collaient juste à la peau; ils étaient aussi brodés, mais ne descendaient que jusqu'à mi-jambes. Le coude-pied était orné, comme les poignets, d'autant de rangées de corail; enfin, de petits grelots en cuivre entouraient la jambe, un peu au-dessus de la cheville. Les pieds étaient nus. Dans ce somptueux appareil, Obie souriait à sa magnificence, fier de l'admiration et des hommages de sa suite, flatté de la présence des blancs qu'il supposait éblouis par tant de faste et d'éclat; et, secouant alternativement chaque jambe pour faire sonner ses grelots, il se levait, s'asseyait avec complaisance, et regardait autour de lui d'un air satisfait.

Le messager de Bonny qui nous avait accompagnés depuis Damuggou, raconta longuement notre aventure au roi, et s'appesantit sur les pertes que les envoyés de ce dernier pays, et lui-même, avaient faites à Kirri; autant que nous en pûmes juger, sa narration devait être éloquente. Les regards et les gestes du conteur, naturels, animés, semblaient en harmonie parfaite avec l'abondance et la force de ses expressions. Les inflexions de sa voix étaient vraiment admirables : ce singulier discours dura près de deux heures, et produisit évidemment un grand effet sur tout l'auditoire. Quand il fut terminé, Obie nous invita à prendre quelque rafraîchissement; nous acceptâmes avec d'autant plus de plaisir, que nous mourions de faim. On apporta aussitôt du poisson et des ignames, nageant dans l'huile, et servis dans des plats anglais; le roi se retira par délicatesse.

L'huile était de l'espèce la plus commune, de

celle dont on se sert, en Angleterre, pour les quinquets, d'un goût extrêmement désagréable, et d'une odeur nauséabonde, qui nous rendit *impossible d'en manger, malgré notre appétit.* Gun ne partageait pas nos préventions; il déclara que c'était la meilleure graisse de bœuf, apportée de Liverpool, qu'il eût goûtée depuis long-temps; et il l'eut promptement dépêchée. Au retour d'Obie, une conversation générale s'engagea, et le roi continua à parler avec solennité à ceux qui l'entouraient, jusqu'au soir; puis, ayant remis au lendemain la continuation du grand *palaver* ou conseil, il nous souhaita le bon soir, et partit. Nous trouvons étrange que, pendant toute la durée de ce conseil, qui se tient pour nous et à cause de nous, il ne nous ait pas été adressé une seule question, et qu'on ne nous en ait pas traduit un mot. Néanmoins, d'après la manière gracieuse dont nous avons été accueillis, nous sommes tentés de croire que tout marche selon nos vœux, et que la conférence aura une heureuse issue. Mais *nous verrons!*

Le sentier qui conduit à la maison d'Obie se dirige à l'Ouest de la crique où nous avons débarqué, et, pendant un quart de mille, passe entre deux rangées de petites huttes, d'un aspect propre et soigné. Dans la cour intérieure, la troisième du palais, nous vîmes une grande cuve de fer, dont on nous dit que le roi se servait comme baignoire. Les gens qui, ainsi que nous, attendaient l'arrivée du monarque, nous assaillirent d'un déluge de questions. Je leur répondis, pour m'en délivrer, que nous venions d'un pays nommé Yaourie, et d'un autre, appelé Boussa, dans lequel nous étions allés pour chercher les livres d'un de nos compatriotes qui avait été tué, il y avait long-temps, par les naturels de cet endroit. Ils me demandèrent alors si mon compatriote, l'homme blanc, s'était rendu à Boussa dans un vaisseau? « Non; dans un grand canot. » — « Où est ce canot; » demandèrent-ils encore. — « Il a été poussé par le courant sur les rochers, et s'y est brisé. » Ils ne paraissaient pas comprendre, et crurent que je parlais d'un navire qui s'était perdu en mer sur la côte. Le *petit roi militaire* de la ville de Brass (*Brass-Town*) nous dit que le but de son voyage ici était d'acheter des esclaves pour un vaisseau espagnol.

Obie entra enfin, suivi d'un homme qui portait une petite figure en cuivre, représentant une divinité du pays : quand le roi se fut assis, on plaça cette image à sa droite. Les pauvres gens, venus de Damuggou, pleuraient à chaudes larmes, tandis que le principal d'entre eux racontait l'attaque de Kirri et ce qu'ils avaient eu à souffrir. Ils avaient tout perdu, les propriétés de leur maître, et les leurs, à l'exception des esclaves. Ils ne savaient comment se procurer des vivres, et il ne leur restait rien pour en acheter, de sorte que les pauvres diables étaient à peu près affamés. Obie leur fit un long discours, et parut compatir à leur situation, et plaindre leur dénuement. Il leur distribua dix ignames; puis les engagea à retourner chez eux, promettant d'entendre demain le reste de leur histoire.

Notre hutte est si petite, qu'à peine avons-nous la place de nous y étendre pour dormir, mais, avec tous ses inconvéniens, nous la préférons, de beaucoup, à notre canot. Nos nattes sont commodes, et nous espérons jouir enfin d'un peu de repos.

Il n'y avait pas long-temps que nous avions quitté le roi, lorsqu'il nous envoya, par un jeune garçon de sa suite, cinq ignames et une petite volaille. C'était un assez mince régal pour huit personnes dont les fatigues et un long jeûne avaient aiguisé l'appétit. A sept heures du soir, nous soupâmes légèrement d'un morceau de volaille bouillie et d'une tranche d'igname; pressés de nous coucher, nous espérions trouver dans le sommeil l'oubli de nos misères et de nos besoins, mais on ne nous laissa pas cette satisfaction. Notre vieux hôte, maussade, imagina d'introduire tous ses amis pour nous voir, et nos efforts pour lui faire comprendre combien ces visites nous déplaisaient, furent inutiles. Il n'y eut pas moyen de se débarrasser de ces importuns ; à peine un groupe était-il parti, qu'un autre plus nombreux le remplaçait. La première moitié de la nuit fut ainsi employée, et l'autre moitié se passa à entendre, sans pouvoir fermer l'œil une minute, les plus effroyables cris qu'on puisse imaginer. Ils sortaient de la hutte contiguë à la nôtre, et, à en juger par les gémissemens, quelque misérable créature y endurait d'horribles angoisses. Nous ne pûmes en savoir la cause ; mais, d'après la réputation de barbarie de ces peuples, nous avons pensé que les cris venaient de quelque malheureuse victime, peut-être d'un prisonnier de guerre auquel on infligeait quelque horrible supplice. Nos gens habitent la même hutte que nous, et leur présence nous donnait un peu de sécurité.

Mardi, 9 *novembre*. — Deux des hommes de notre suite, qui nous ont accompagnés depuis le cap Coast, et qui ont passé plusieurs années dans l'Aschantie, assurent que les bâtimens d'ici ne diffèrent de ceux de Coumassie, capitale de ce royaume, que par leurs dimensions, qui sont beaucoup plus petites. Il est certain que les maisons ressemblent à celles du Yarriba, mais les surpassent en propreté, régularité et netteté d'aspect : elles sont aussi beaucoup mieux abritées de la pluie. On ne voit pas une seule hutte circulaire.

Les habitans d'Eboe, comme la plupart des Africains, sont extrêmement indolens et ne cultivent que l'igname, le maïs et le plantanier. Ils ont beaucoup de chèvres et de volailles, mais peu de moutons, et point de bestiaux. La ville, d'une grande étendue, est située dans une plaine découverte, et renferme une nombreuse population; comme capitale du royaume, elle ne porte d'autre nom que le «*pays d'Eboe.*» Son huile de palmier est renommée. C'est, depuis une longue suite d'années, le principal marché d'esclaves où viennent s'approvisionner les indigènes qui font ce commerce sur les côtes, entre la rivière Bonny et celle du vieux Calabar. Des centaines de naturels remontent ces rivières pour venir trafiquer ici, et dans ce moment même, il y en a un grand nombre qui habitent leurs canots, rangés en face de la ville. Presque toute l'huile achetée par les Anglais, à Bonny, et dans les lieux environnans, vient d'ici, de même que tous les esclaves que les vaisseaux négriers, français, espagnols et portugais, viennent charger à la côte. Plusieurs personnes nous ont dit que le peuple d'Eboe est antropophage, et cette opinion est plus accréditée parmi les tribus voisines que parmi celles de l'intérieur. Mais, jusqu'ici, nous ignorons sur quoi elle se fonde, et si elle est vraie ou non. La seule chose que nous puissions dire, c'est qu'à l'exception de leur monarque, les habitans ont la physionomie féroce, brutale et inflexible : il est vrai que d'autres peuples, dont les traits ont la même expression, détestent les cannibales et n'en parlent qu'avec horreur.

Ce matin, nous avons été accablés de visiteurs, qui passaient par-dessus tout obstacle, pour satisfaire leur désir de nous voir. C'était chose naturelle, à laquelle nous devions nous attendre. Il ont été de meilleure compagnie et moins fatigans que nous n'avions lieu de le craindre, et sont partis, sans trop se faire prier, avec une condescendance rare chez des gens qui n'ont pas l'habitude de céder à la volonté de prisonniers et d'esclaves; car, telle est ici notre condition.

Vers midi, on vint nous dire de nous rendre à la maison du roi, Obie étant tout à fait disposé à entendre le récit de notre affaire, et à examiner les dépositions du messager de Bonny, et des envoyés de Damuggou. En entrant dans la principale cour, où le roi nous a donné audience hier, nous avons vu deux laides petites figures de terre, placées à côté d'autres fétiches, près de la plate-forme; à l'entour étaient tracés à la craie des caractères magiques. Nous n'eûmes pas le temps d'admirer ce bizarre arrangement, car on nous ordonna de retourner dans la cour du milieu, et d'y attendre, sous le portique oriental, qu'Obie parût. Une chaise anglaise, recouverte en drap rouge commun, avait été, d'avance, placée là pour lui.

Il est clair que, pour quelque raison que nous ne connaissons pas, le roi répugne à nous introduire dans l'intérieur de son habitation. Jusqu'ici, nous n'avons vu du palais que les cours. La chaise, destinée à servir de trône, était placée entre deux piliers de bois qui soutiennent le toit du portique, et sur lesquels sont sculptées plusieurs figures, de même que dans le Yarriba. La différence qui existe entre les productions d'arts des deux pays, se peut à peine distinguer. A gauche du siège royal, cinquante courtisans se tenaient debout ; à droite, étaient réunis les gens de Bonny, de Brass, de Damuggou, et notre suite. Au bout d'une demi-heure, après que l'assemblée eut été largement régalée de vin de palmier, le monarque arriva, vêtu de même qu'hier. Ses joues grasses et rebondies, et ses yeux brillans, annonçaient une bonne humeur, feinte ou vraie, lorsqu'il nous serra la main. Il s'assit ensuite dans la chaise pour y recevoir les hommages de ses sujets et des assistans.

L'affaire du jour fut reprise avec vivacité, et une violente altercation s'éleva bientôt entre les gens de Brass et ceux de Bouny. Mais à peine daigna-t-on nous traduire quelques parties de la discussion. Cependant nous en entendîmes assez pour nous causer de graves inquiétudes ; car, malgré l'idée que nous nous étions faite de la bienveillance du chef, sur ses sourires et sa conduite affable envers nous, il n'est que trop probable que nous ne quitterons jamais ce pays, qu'en payant une forte rançon. Obie a sans doute été poussé à prendre cette mesure, d'abord par les instigations de ses favoris, puis par l'avidité et l'empressement que montrent les habitans de Bonny et ceux de Brass à nous mener dans leur pays ; il imagine qu'il ne s'élèverait pas entre eux de si vives disputes à notre sujet, et sur l'issue de notre voyage, s'ils ne s'attendaient à recevoir de nos compatriotes une belle récompense. Il est donc décidé, de son côté, à en avoir sa part, et à tirer de nous le meilleur parti possible.

Bonny est maintenant le lieu de notre destination. Nous avons avec nous un messager du roi actuel de cet état, et un fils du dernier chef le roi *Pepper* (Poivre), et ainsi que nous l'avons dit plus haut, nous avions décidé quelques-uns des habitans de Damuggou à nous accompagner jusque là. Quant à Brass, nous n'avions jamais entendu nommer la ville, ni la rivière, et nous ne savions rien des mœurs des naturels qui habitent ses bords, bien qu'ils aient évidemment des rapports fréquens avec nos compatriotes, et même quelque légère teinture d'anglais. Les gens de Bonny, qui disent qu'Obie entretient des relations amicales avec leur souverain, sont aussi impatiens de nous amener que nous le sommes de partir; et à ce propos, ils se sont fâchés, et ont fait des remontrances au roi. D'un autre côté, ceux de Brass l'emportent par leur nombre et leur influence, due probablement à leur récente arrivée à Eboe, avec un nouvel assortiment de marchandises européennes, dont ils ont, dit-on, employé déjà une bonne partie à gagner Obie.

La discussion a été violente et orageuse ; le conseil s'est séparé tard, dans l'après-midi, sans avoir rien décidé, et renvoyant à demain matin. Les habitans de Brass prétendent que la *crique Bonny*, qui est un petit bras du Niger, est à sec, et que la grande rivière qui coule à Brass, appartient au roi *Jacket*, qui ne permet à aucun étranger, quel qu'il soit, de remonter ou de descendre le Niger, sans lui faire payer l'impôt ou la taxe accoutumée. C'est la raison plausible qu'ils donnent pour nous enlever à Obie et aux gens de Damuggou. Nous avons regagné notre hutte, assez tristes des résultats de la conférence d'aujourd'hui.

Comme je demandais à Obie la permission de poursuivre notre voyage, le priant d'envoyer avec nous un de ses canots jusqu'à Bonny, j'ai été surpris d'apprendre que la rivière de ce nom fût à sec. Il dit qu'il nous faut descendre la grande rivière jusqu'à Brass, d'où nous pouvons ensuite gagner Bonny, attendu qu'il y a un bras du fleuve qui conduit d'une ville à l'autre. Nous sommes fort ennuyés de notre interprète. Ce drôle nous avait dit que le bras qui coulait vers Bonny était le principal, tandis qu'il est évident que c'est, au contraire, celui qui mène à Brass-Town. Quoique né dans la première de ces villes (car c'est ce même Antonio dont nous avons déjà eu occasion de parler plusieurs fois), cet interprète ne nous répète jamais exactement ce que dit le roi, de sorte que les trois-quarts du temps nous ignorons ce qui se passe, quoique cela nous touche de si près. C'est un bavard, et le plus inutile des hommes. Nous avons fait le sujet de la conversation du roi et des chefs pendant plus de deux heures, aujourd'hui, et nous n'avons pu parvenir à savoir ce qu'on disait de nous; nous sommes partis sans avoir rien appris de certain sur ce que nous deviendrons.

Ce soir, Antonio et cinq autres habitans de Bonny sont entrés dans notre hutte, les larmes aux yeux. Nous leur avons demandé ce qu'ils avaient : « Le chef, ont-ils répondu, est décidé à vous vendre aux gens de Brass, mais nous nous battrons pour vous, et mourrons plutôt que d'y consentir. » — « Combien êtes-vous de naturels de Bonny à Eboe, dans ce moment ? » — « Rien que six. » — « Et croyez-vous pouvoir battre deux cents des gens de Brass ? » leur dis-je. « Nous en pourrons toujours tuer quelques-uns, et vos hommes nous aideront. » Je demandai alors à Antonio pourquoi il ne nous avait pas traduit ce qui s'était passé à la maison du roi. Il allégua, pour s'excuser, qu'il avait peur de nous faire trop de peine ; que c'était un mauvais *palaver*. « Nous sommes tous allés au chef, » ajouta-t-il, « pleurant, et lui remontrant qu'un noir ne peut pas vendre un blanc : mais il n'a pas voulu nous écouter, et a persisté à dire qu'il vous vendrait aux gens de Brass. »

A cette nouvelle, nos pauvres bateliers ont commencé à sanglotter, et n'ont cessé toute la nuit de se lamenter sur leur triste sort. Nous n'étions guère moins inquiets, mon frère et moi, car nous ne nous attendions pas à un pareil dénouement ; à présent nous sommes résignés à ce qu'il y a de pis ; il est impossible de prévoir à quelles extrémités ces sauvages peuvent se porter. Nous avons vu chez le roi un homme de Funda, avec qui nous eussions pu causer dans la langue du Haoussa ; mais, pour quelque raison à nous inconnue, on n'a pas voulu nous permettre de lui parler.

Mercredi, 10 *novembre*. — M'étant trouvé fort malade, ce matin, et avec de la fièvre, je n'ai pu me rendre au conseil, et j'ai prié mon frère d'y aller à ma place. Voici le récit de ce qui s'y passa, tel qu'il l'écrivit à son retour.

« En arrivant chez Obie, j'y trouvai, à ma grande surprise, le roi *Boy*, frère aîné de Gun, avec plusieurs personnes de sa suite déjà réunies. Il était beaucoup mieux habillé que le reste de ses compatriotes, et portait une veste de chasse, et un gilet par-dessus une chemise propre, de coton rayé, à laquelle était attaché un foulard en soie, qui descendait plus bas que le genou. Comme je crois l'avoir déjà dit, le luxe des pantalons est interdit aux naturels et aux étrangers nègres; le roi fait seul exception à la règle. Des colliers de corail et de verroteries entouraient le cou de Boy, et un joli crucifix de petites perles de toutes couleurs, pendait sur sa poitrine. Cette dernière parure, qui lui vient, sans doute, d'un capitaine de vaisseau négrier, faisait fort bon effet. Le roi Boy se présenta à moi, de l'air d'une personne qui accorde une faveur plutôt qu'elle ne la sollicite; et sa vanité, visible en toute occasion, était quelque chose de fort amusant. Il ne voulut pas souffrir que personne s'assît entre lui et la plateforme, mais s'accroupit le plus près possible du siége du roi, à la place qui nous avait été réservée comme honneur. Alors, avec une incroyable volubilité, il entama une longue énumération de sa grandeur, de sa puissance, de sa dignité, dans lesquelles il surpassait tous ses voisins. Je fus forcé d'écouter tout cela, pendant un temps considérable, feignant d'y prendre intérêt. Pour mieux me convaincre de la vérité de ses assertions, il produisit un portefeuille, contenant grand nombre de notes, ou de certificats (comme les nommerait un domestique), écrits en anglais, en français, en espagnol, et en portugais, et qui lui avaient été données par divers capitaines de vaisseaux marchands, qui avaient visité la rivière Brass. La coutume de délivrer aux nègres ces espèces de renseignemens, adoptée depuis quelque temps par les Européens, est extrêmement bonne et utile, et se propage sur toute la côte de l'Ouest. Les naturels eux-mêmes, ne comprenant rien à ces papiers, les croient louangeurs, et s'empressent de les montrer aux survenans étrangers, qui y voient leurs bonnes ou mauvaises qualités, et apprennent ainsi à distinguer les honnêtes gens de ceux qui sont intrigans, méchans ou voleurs. Les lettres que Boy conserve si soigneusement parlent de certaines affaires que leurs auteurs ont eues avec lui, et rendent témoignage de son caractère et de celui de ses compatriotes. Une entre autres, signée James Dow, capitaine du brick *la Susanne*, de Liverpool, et datée de la *première rivière de Brass*, *septembre*, 1830, contient ce qui suit : « Le capitaine Dow déclare n'avoir jamais rencontré une troupe de plus grands misérables que les naturels en général et les pilotes en particulier.» Il continue sur le même ton, chargeant ces derniers d'anathèmes, les appelant de damnés drôles, qui avaient essayé, disait-il, de faire échouer son vaisseau sur les brisans, à l'embouchure du fleuve, pour se partager les débris du naufrage. Le roi *Jacket*, qui réclame la suzeraineté de la rivière, est signalé comme un fripon fieffé, pire qu'eux tous, s'il est possible, et volant à pleines mains. Le roi *Forday* est représenté comme un homme assez vieux, moins apte à frauder, mais lent et irrésolu. Son fils, le roi Boy, était, selon l'Européen, seul digne de confiance, car il ne l'avait point trompé, et avait plus de probité et d'intégrité que ses compagnons. Tous ces rois sont autant de gouverneurs du pays de Brass, et certes ils doivent bien le régir. M. Dow remarque, en outre, que la rivière est extrêmement malsaine, que son second, son contre-maître, trois charpentiers et cinq matelots, sont déjà morts de la fièvre à son bord, et que lui-même a eu la même maladie. Il termine en conseillant aux autres trafiquans d'être sur leur garde contre les fourberies des indigènes, et donne plusieurs renseignemens sur la terrible barre qui se trouve à l'embouchure de la rivière, et sur laquelle son vaisseau a failli périr. Un autre des papiers de Boy est signé de T. Lake, capitaine du brick *le Thomas de Liverpool*, maintenant à l'ancre dans la rivière Brass.

Je venais de terminer cet examen, quand Obie entra dans la cour, accompagné de sa suite ordinaire, mais avec un costume différent de celui de la veille. Il portait des robes de soie flottantes. Après les saluts et complimens, Boy pria le monarque d'en appeler à moi, pour savoir quelle estime faisaient de lui les hommes blancs. Je m'empressai de dire beaucoup de choses en sa faveur, que le roi prit en fort bonne part, et accueillit de la meilleure grace du monde ; mais l'idée qu'un morceau de papier, qui ne pouvait ni entendre, ni voir, ni parler, en pût dire si long, et donner tant d'informations, fut pour lui une source inépuisable d'admiration et d'étonnement. Cependant le souverain et son cortége n'exprimèrent leurs émotions que par un air stupéfait et niais, suivi de bruyans éclats de rire.

Le calme s'étant rétabli, Obie dit, avec une physionomie grave, qu'il « était inutile de discuter davantage au sujet des hommes blancs, sa détermination étant déjà prise; » et pour la première fois, il s'en expliqua brièvement : les circonstances nous ayant jetés entre les mains de ses sujets, il avait droit, d'après les lois et coutumes du pays, non-seulement de regarder nos personnes comme sa propriété, mais encore tous les gens de notre suite; cependant, il ne voulait pas abuser de ses avantages, et se contenterait de nous échanger contre la valeur de vingt esclaves en marchandises anglaises. Afin que la chose fût entièrement réglée et arrangée à sa satisfaction, il nous empêcherait de laisser la ville, jusqu'à ce que ceux de nos compatriotes qui se *trouvaient* à *Brass ou* à *Bonny*, eussent payé notre rançon; ce qui ne souffrirait pas de difficulté, puisque, de notre propre aveu, les Anglais à l'ancre dans ces rivières, nous donneraient avec joie et empressement toute l'aide que nous pourrions requérir. Quant aux effets qu'on nous avait volés à Kirri, il mettrait tous ses soins à nous les faire restituer. Cette circonstance l'affligeait plus que toutes les autres, mais il niait qu'un seul de ses sujets y eût pris part, et attribuait toute cette échauffourée à l'audace et à la brutalité d'un certain peuple, qui habitait un pays sur l'autre rive, presqu'en face de son royaume, et dont le souverain était son ami intime; ce qui lui faisait espérer pouvoir nous faire rendre justice : « Mais, ajouta-t-il, il sera toujours nécessaire que vous attendiez ici qu'un conseil de cette nation s'assemble; alors les voleurs seront interrogés, et vos réclamations accueillies. Les gens de Damuggou, qui vous accompagnaient, ont, comme vous, fait de grandes pertes; quant à moi, je leur ferai cadeau d'un esclave ou deux en dédommagement, et ils auront ma permission pour aller avec vous jusqu'à la côte chercher le présent que vous avez, m'a-t-on dit, promis à leur souverain : mais il ne faut pas vous attendre qu'ils vous servent de guide pour vous conduire à la mer, car leur responsabilité finit ici. »

Lorsque Antonio nous eut traduit cette longue harangue, je demeurai anéanti et comme frappé de la foudre. J'assurai vainement le roi qu'il n'y avait pas pour lui la moindre nécessité de nous retenir, que nos compatriotes ne *consentiraient à nous racheter qu'autant qu'ils nous verraient*, et pas avant. Toutes mes sollicitations pour lui faire changer quelque chose à son plan, et pour le décider à nous laisser partir, ne purent l'ébranler. Les craintes de ses sujets, les représentations des hommes de Brass, avaient fait une impression trop profonde sur son esprit, et nous reconnûmes qu'il fallait s'en remettre au temps et au hasard.

Cette décision définitive d'Obie est un coup

terrible ; nous nous étions flattés que l'issue des délibérations de ce conseil de sauvages nous serait favorable, et que, l'enquête terminée, nous serions dirigés vers les côtes, sans plus d'obstacles. Maintenant, il nous faut attendre le retour d'un messager que l'on va envoyer, et qui doit apporter avec lui la valeur de vingt esclaves, montant de notre rançon. Tout ce que nous savons, c'est que, si l'on trouve à se défaire de nous, ce sera à un prix beaucoup trop élevé.

Comme on peut le supposer, je retournai au logis, fort abattu et chagrin d'avoir à apprendre à mon frère ce résultat du palaver. Cette nouvelle le surprit et l'affligea autant que moi. Mais, quoique troublés et inquiets de notre situation, nous ne murmurons pas contre les décrets de la divine Providence, qui nous a consolés tant de fois dans nos adversités, qui est venue à notre aide et nous a sauvés d'une foule de périls et même de la mort. »

Jeudi, *11 novembre.* — Ce matin, mon frère s'est senti malade, et me trouvant un peu mieux, j'ai pu reprendre le journal. En vérité, c'est chose miraculeuse que notre santé se soit encore si bien soutenue, généralement parlant, quand on réfléchit aux fatigues et aux privations que nous avons endurées, aux perplexités de tous genres qui nous ont assaillis, et aux mille et une difficultés qu'il nous a fallu vaincre. Malgré tout cela, grace aux bénédictions de Dieu et à sa miséricorde, nous avons joui souvent d'une sorte d'entrain, de vie, qui, venant à la suite de cuisans chagrins, effaçaient rapidement de notre esprit une foule d'impressions pénibles. Mais, quoique la nature fasse, de temps à autre, de ces efforts extraordinaires, elle s'affaiblit à la longue, et succombe à la multitude des soucis et des vexations; à moins qu'une grande vigueur, une bonne santé, et toute l'élasticité de la jeunesse, ne combattent ces funestes influences. L'espérance aussi nous abandonne parfois; au moment même où nous aurions le plus grand besoin de ses illusions consolantes, elle se retire, et nous laisse en proie à la crainte, aux soupçons et aux idées les plus sombres et les plus accablantes. Voilà où nous en sommes aujourd'hui; nous tombons quelquefois dans une telle apathie, sur notre situation présente et à venir, que la plus complète indifférence s'empare de nous; et, je crois vraiment que, s'il suffisait d'une courte lutte pour recouvrer notre liberté et le bonheur, nous n'aurions pas l'énergie de l'entreprendre. Je rougis d'avouer que, dans ces occasions, ni le souvenir des délivrances passées, ni le sentiment que nous sommes toujours sous la protection du Dieu miséricordieux, qui a été notre refuge et notre gardien jusqu'ici, ne peuvent me rendre une entière confiance en sa miséricorde, ou m'apprendre à me résigner à sa volonté sainte.

Depuis le peu de jours que nous sommes ici, le manque de vivres nous a exposés à beaucoup de souffrances; et nos gens qui, les premiers jours, ont supporté cette privation avec calme, sont devenus fort exigeans et se plaignent très-haut. La frayeur continuelle où les jette la perspective d'être enlevés et vendus, a aggravé leur disposition au mécontentement, et les rend sournois et mutins. Le pis de tout, c'est qu'ayant perdu aiguilles et cauris, à Kirri, il ne nous reste aucun moyen de rien acheter; d'ailleurs, le cauris ou porcelaine n'a pas cours à Eboe. La pauvreté est regardée partout, je crois, comme le plus grand des maux; mais ici c'est une véritable malédiction (du moins pour nous). Les vertus de la bienveillance et de l'humanité sont peu comprises des naturels, et quand ils font tant que de les exercer, si même cela leur arrive, ce n'est que dans de grandes occasions. Obie nous envoie tous les matins une volaille et une igname ou deux; mais, comme nous sommes dix, cela suffit à peine à nous empêcher de mourir de faim. Pour mettre un terme, s'il était possible, aux murmures de nos hommes, nous avons été réduits à la pénible nécessité de mendier; autant eût valu adresser nos prières aux pierres et aux arbres; nous nous fussions du moins épargné l'humiliation du refus. Jamais nous n'avons mieux senti notre insuffisance et notre faiblesse, et jamais nous n'eûmes plus besoin de patience et de résignation. Dans la plupart des villes et villages de l'Afrique, nous avions été pris pour des demi-dieux, et traités en conséquence, avec une vénération, un respect universel. Mais, ici, hélas! quel contraste! Nous sommes rangés parmi les êtres les plus dégradés et les plus misérables; esclaves dans cette terre d'ignorance, objet des railleries et du mépris d'une horde de barbares. Il serait difficile de deviner ce qui a donné naissance à ces sentimens hostiles; nous sentons que nous ne les méritons pas, et cependant la conscience du peu que nous sommes combat toute idée d'amour-propre et d'importance, et nous donne de sévères mais utiles leçons. Tout en faisant une large part à l'état de barbarie du peuple d'Eboe, nous ne pouvons nous empêcher de regarder cette tribu inhospitalière, comme la plus avare et la plus grossière que nous ayons encore visitée. Le roi, et une femme mariée, d'un certain âge, sont les seuls individus, dans une population de plusieurs milliers d'âmes, qui nous aient témoigné quelques égards et quelques attentions; et la dernière, seule, a agi, nous en sommes convaincus, par bonté, et sans aucun motif d'intérêt.

Les gens de toutes classes aiment passionnément le vin de palmier, et en boivent avec excès, dès qu'ils en trouvent l'occasion, qui, du reste, n'est pas rare, car on fait beaucoup de ce vin dans la ville et aux environs. Ils ont pour coutume générale et favorite de s'assembler, aussitôt le coucher du soleil; et réunis, par groupes nombreux, en plein air, et sous les branches des arbres, ils causent des événemens de la journée, se réjouissent et s'égayent avec ce breuvage excitant. Ces assemblées se prolongent jusqu'après minuit; et, comme les assistans trouvent moyen de s'enivrer dès le commencement, la plus grande partie de la soirée se passe en luttes et en batailles, accompagnées parfois des clameurs les plus effroyables qu'on puisse imaginer. Il n'est pas rare que ces bruyantes et sauvages orgies se terminent par l'effusion du sang et même par le meurtre. Une réunion de ce genre se tient tous les soirs dans la cour extérieure de notre habitation, et le bruit qui s'y fait est réellement effrayant, surtout quand les femmes et les jeunes gens interviennent, et se mêlent au tumulte. On est bien sûr alors qu'il s'en suivra une querelle. Les cris, les gémissemens sont horribles, et feraient croire à un étranger que c'est une foule qu'on massacre et qui est en proie aux dernières angoisses de la souffrance la plus aiguë. La première et la seconde nuits nous tremblions d'épouvante, persuadés qu'il se faisait près de nous quelque horrible boucherie, et glacés d'horreur, depuis le premier cri déchirant et sauvage, jusqu'aux faibles et derniers soupirs étouffés de la victime. Maintenant, nous y sommes faits; l'habitude nous a endurcis; d'ailleurs nous n'avons plus les mêmes appréhensions sur l'origine de ces terribles clameurs, qui ne sont que les suites de simples querelles, et que les habitans remarquent à peine. On assure, néanmoins, qu'au milieu des accès de frénésie et de passions désordonnées qu'excitent ces débauches, il se commet souvent des crimes odieux.

La matrone, qui est si fort de nos amis, est une petite femme, courte, toute ronde, d'un excessif embonpoint, et qui, par ses plaisanteries et sa gaîté, a souvent abrégé les longues et fatigantes heures du soir, cherchant de son mieux, dans sa bonté, à dissiper l'ennui qui nous assiége. Non contente de nous visiter plusieurs fois dans le jour, elle vient encore passer la soirée avec nous, au lieu de se joindre à l'orgie où figurent ses connaissances. Elle amène ordinairement deux ou trois personnes de dispositions sympathiques, qui se joignent à elles pour plaindre nos malheurs et dissiper notre tristesse. Quelques esclaves suivent leur maîtresse, apportant des bouteilles de vin de palmier, et quelquefois un plat de bananes, pour aider à passer le temps d'une façon agréable.

Nous couchons dans un réduit, élevé de terre de trois à quatre pieds, et soutenu par des colonnes de bois. Il n'y a ni portes, ni nattes qui y suppléent et fassent l'office de rideaux, de sorte que nous jouissons à notre aise de la ravissante fraîcheur du soir, mais avec l'ennui d'être regardé par quiconque veut prendre la peine d'entrer dans l'enceinte de la cour. Nous nous étendons ordinairement sur nos nattes, aussitôt après le coucher du soleil; et notre grasse et joyeuse petite amie arrive alors, se dandinant et roulant sur elle-même, suivie de ses compagnons et de ses esclaves. Après nombre de complimens et bons souhaits, elle entame la conversation, non sans l'avoir fait précéder d'une copieuse libation de vin de palmier, et d'un claquement de la langue contre le palais, qui annonce une approbation sentie de la liqueur, et le bien-être de la chaleur vivifiante qu'elle répand au dedans. Les esclaves s'empressent d'étendre les nattes, juste en face de notre alcôve, et notre obligeante patrone s'y accroupit et fait cercle, avec sa société, et notre vieil hôte qui ne manque pas de se joindre à l'assemblée; tous, sous l'inspiration du vin et de ses effets, soutiennent une conversation fort animée, jusqu'à ce que la fin des rafraîchissemens, l'heure avancée et le sommeil qui pèse sur leurs paupières, les forcent à regagner le logis. Quant à nous, nous avons peu, ou rien à dire, ne comprenant pas plus leur langue *qu'ils ne comprennent la nôtre*, et le système de traduction par l'intermédiaire d'un interprète étant très-contraire au développement des joies sociales. Cependant, il est fort divertissant d'épier et de suivre l'influence du vin de palmier sur les gestes, les regards et mêmes les idées de ces bons vivans. On ne distingue pas sur le visage d'une femme noire la rougeur de l'ivresse, mais l'œil devient humide et vague, le babil incessant, le rire éclate par accès, à propos d'une bagatelle, ou à propos de rien; et, pour compléter la liste de ces symptômes, elle a cette satisfaction d'elle-même, cette tendre conviction de ses rares qualités, ce plaisir à se louer, qui distinguent partout le buveur inexpérimenté, encore à son début. Tout cela se retrouvait dans notre amie et dans ses compagnons. C'est aussi un soulagement pour nous que de contempler, de notre réduit, la paix et l'harmonie de ce petit groupe, faisant contraste avec la bruyante rumeur de celui du dehors, et nous donnant une assurance de sécurité que nous n'aurions pas, seuls, et livrés à nos réflexions. Et quand, après nous être tournés et retournés sur notre couche, nous tombons enfin dans un sommeil pénible et fatigant, hantés de hideux fantômes et de cauchemars, ce qui nous arrive souvent, tressaillant d'effroi sous le couteau d'un assassin, ou au bord d'un précipice, il est doux, en rouvrant les yeux, de les reposer sur la comique petite personne de notre amie, avec sa figure ronde et luisante, et sa suite joviale : toute terreur se dissipe aussitôt, et nous retrouvons du calme. La fin de l'assemblée du dehors est pour nos hôtes le signal du départ. Se levant alors de dessus sa natte, la matrone, après nous avoir serré la main et souhaité le bonsoir, d'une voix chevrotante, avec la langue épaisse et embarrassée, roule hors de la cour comme elle y est entrée, et va retrouver son mari, qui est valétudinaire. Ainsi se passent nos soirées, grâce à l'unique amie que nous possédions à Eboe.

Il est de nouveau question de nous laisser partir, mais voici à quelles conditions : outre la valeur de vingt esclaves, que le roi Obie exige pour notre rançon, le roi Boy veut aussi, pour son compte, quinze tonneaux de vin de palmier qui représentent le prix de quinze esclaves, le tout en paiement de la peine que lui et ses gens prendront pour nous conduire à bord du vaisseau anglais. Il prétend qu'il lui faut trois canots et cent cinquante personnes, et que, par conséquent, il lui est impossible de le faire à moins. Le chefa dit que, si je ne consentais pas à donner à Boy un *livre* pour tout cet argent, il nous enverrait dans l'intérieur du pays pour y être vendus, et que nous ne reverrions jamais la mer. Il n'est que trop évident que nous n'avons pas d'alternative, et je crois plus sage d'accorder ce billet à ordre, comptant bien cependant, à notre arrivée à la côte, ne donner que vingt fusils de pacotille, pour solder ce chef et toutes les autres dépenses. Le roi Boy doit remettre à

Obie cinq pièces d'étoffe et un fusil, à-compte du paiement. Il paiera le reste à son retour, après nous avoir remis à bord du brick. Nos gens sont tous ranimés par l'espoir de quitter ce lieu de misère, et d'obtenir leur liberté, car ils ont tant de foi dans le caractère des Anglais, qu'ils ne leur vient pas à l'esprit de douter que le capitaine du brick ne nous rachète à tout prix.

Les habitans d'Eboe ont l'aspect le plus farouche : la coutume de dessiner avec de l'indigo sur leurs tempes une pointe de flèche, est générale chez tous, hommes et femmes; ces dernières sont jolies, et portent de larges anneaux d'ivoire aux poignets et aux coudes-pieds. Les naturels font un commerce assez étendu, et approvisionnent la population de Brass, d'huile de palmier, de volailles, de chèvres, d'ignames, etc. Ils ont la réputation d'être bons constructeurs de grands canots; ce sont eux qui font tous ceux qui naviguent sur les différentes rivières, de Benin à Calabar. Depuis les premiers jours de notre arrivée, nous n'avons pas eu de volaille, mais seulement la pitance journalière d'un esclave, une demi-igname par jour. C'est peut-être à ce régime que nous devons notre santé, car il est probable que, si nous eussions été bien nourris, après avoir été presque affamés et exposés à l'ardeur du soleil durant le jour, et aux froides rosées pendant la nuit, nous aurions fait quelque maladie grave.

Hier soir, Obie, dans ses plus magnifiques atours, paré de ses coraux, est venu à notre hutte, nu-pieds, inspecter nos livres et examiner le contenu de notre pharmacie portative. Le tintement des grelots ou petites sonnettes qu'il porte autour des chevilles, nous ont annoncé son approche. Il a paru fort satisfait de tout ce qu'il a vu, et, à l'énumération des propriétés puissantes de quelques drogues, il a pris un air effrayé d'abord, qui a fini par un accès de rire. Il nous a exprimé le désir d'avoir quelques purgatifs, et nous l'avons traité comme nous avons traité le sultan de Yaourie et sa famille. Obie avait évidemment très-peur de nos livres, sur leur réputation de « tout dire ;» quand nous lui en avons offert un, il a reculé avec un sentiment d'horreur, branlant la tête, et disant qu'il se garderait bien de le prendre, que ce n'était bon que pour les blancs, « dont le Dieu n'était pas son Dieu ! » Sa visite ne fut pas de longue durée.

Nous avons retrouvé aujourd'hui le roi Boy, dans la cour intérieure du palais, et, d'après l'expression de sa physionomie, il semblait avoir à communiquer quelque chose d'important. Obie nous accueillit avec sa politesse et sa jovialité ordinaires, mais il s'adressa de suite exclusivement au roi Boy, et entama avec lui une conversation vive et animée. Les gens de Bonny étaient présens, et pleuraient. Le roi et son introducteur nous nommaient fréquemment, en nous montrant du doigt, ce qui nous confirma dans la pensée que nous étions le principal sujet de l'entretien. Comme s'ils eussent eu quelques secrets à discuter, qu'ils ne se souciaient pas de laisser percer devant leur suite et la nôtre, ils se retirèrent dans la cour du milieu, et, après y avoir causé quelque temps, revinrent avec des physionomies soucieuses, et reprirent la conversation. Ce manège fut répété deux fois; ensuite, Obie raconta brièvement et d'une voix haute, le résultat de cette conférence extraordinaire, et tout l'auditoire, à l'exception des hommes de Bonny, cria simultanément « yah! » en témoignage d'approbation. Pendant ce temps, notre anxiété augmentait et nous étions impatiens et malheureux, car ce qui avait transpiré de cette conférence, était loin de nous être agréable. La réponse du roi Boy à nos questions réitérées, avait été simplement. «Quantité de barres!» Et nous étions en grand émoi pour deviner ce que cela voulait dire, mais, le palaver fini, quels furent nos transports en entendant ce dernier s'exprimer ainsi en mauvais anglais : «Dans l'entretien que je viens d'avoir avec Obie, je me suis laissé aller à lui offrir de payer tout ce qu'il demande pour votre rançon, dans la confiance que le tout me sera rendu par le capitaine du brick *le Thomas*, actuellement à l'ancre dans la première rivière de Brass, et que la valeur de quinze barres ou quinze esclaves y sera ajoutée en marchandises d'Europe, sans compter un tonneau de rhum pour reconnaître toute la peine que j'aurai indubitablement, et tous les risques que je cours en vous transportant à Brass. Ce n'est qu'à ces conditions que je puis consentir à vous racheter; et, si vous acceptez, vous me donnerez sur-le-champ un billet sur le capitaine Lake, au reçu duquel il aura à me remettre la valeur de trente-six barres en marchandises. Après me l'avoir signé, vous serez libres de partir, et de venir avec moi, quand vous le jugerez à propos, selon ce qui est arrêté et convenu entre le roi Obie et moi.»

C'étaient de célestes nouvelles, et nous ne tarissions pas dans nos remercîmens au roi Boy pour sa générosité et sa noblesse d'âme.

Nous étions trop ivres de joie en ce premier moment pour réfléchir aux demandes exorbitantes que l'on nous faisait. Nous donnâmes de suite le billet à ordre sur M. Lake, et en vérité il n'y a rien que nous n'eussions fait plutôt que de laisser perdre une occasion qui nous semblait venir tout droit de la Providence, pour nous conduire enfin jusqu'à la mer. Obie, apercevant de suite, au soudain changement de nos physionomies, la joie qui gonflait nos cœurs, et que nous ne pouvions cacher, nous demanda si son arrangement ne nous convenait pas beaucoup, et extorqua de nous la promesse qu'à notre retour en Angleterre nous informerions nos compatriotes qu'il était un digne homme, et que, si nous revenions jamais dans le pays, nous lui ferions bien certainement une visite.

Quand le roi Boy vint chercher son *livre*, je le lui donnai, et il manifesta l'intention d'envoyer le billet au brick pour savoir s'il était bon. Je m'étais attendu à la chose : je répondis donc que le *livre* ne pouvait servir si nous n'étions envoyés en même temps, et que jamais le capitaine ne consentirait à y faire droit à moins qu'il ne nous tînt à son bord, sur quoi il remit le billet dans son portefeuille.

Alors nous lui dîmes adieu, et il prit congé de nous de la façon la plus affectueuse et la plus cordiale.

Craignant qu'il n'arrivât quelque chose qui nous retînt, et changeât de nouveau les résolutions du roi, nous brûlions du désir de nous tirer de ses griffes et de celles de son peuple. Nous ne perdîmes donc pas une minute, et nous rendant en toute hâte à notre logement, envoyant nos gens à bord du canot de Boy, nous les suivîmes presqu'aussitôt, et à trois heures de l'après-midi nous étions embarqués. C'est ainsi que se sont terminés quatre des plus misérables jours de notre vie. Notre vieux canot est brisé, fait eau de toutes parts, et avec sa marche lente ne serait qu'une cause de délais. Nous l'abandonnons. Les gens de Damuggou nous accompagneront dans leur légère barque, et tout est arrangé pour partir demain de très-bon matin.

Le canot de Brass, actuellement notre demeure, est extrêmement large et pesamment chargé. Il a quarante rameurs, tant hommes que jeunes garçons; et en comptant quelques esclaves et nous-mêmes, il peut bien y avoir encore une vingtaine d'individus, ce qui porte l'équipage à soixante hommes. Comme les canots de guerre d'Obie, il est muni d'une pièce de quatre amarrée à la proue, d'une grande quantité de coutelas, de force mitraille et autres munitions, indépendamment de la poudre, des pierres à fusil, etc.; et il contient aussi plusieurs énormes boîtes ou caisses remplies de liqueurs spiritueuses, des étoffes de coton et de soie, de la poterie, et autres objets de manufactures européennes et étrangères; joignez à cela abondance de provisions pour la consommation, et deux mille ignames destinés au capitaine d'un négrier espagnol qui est aussi en panne dans la rivière de Brass. Dans ce canot, trois hommes peuvent s'asseoir à l'aise de front, et d'après le nombre de passagers qu'il contient et l'énorme quantité de marchandises de divers genres entassées à bord, on peut se faire une idée de son immense grandeur. Il a été creusé dans un seul tronc d'arbre, et tire quatre pieds et demi d'eau; il a plus de cinquante pieds de long, mais il est si lourdement chargé, que l'on ne voit pas deux pouces du canot au-dessus du niveau de l'eau. Avec son fardeau actuel, il serait impossible qu'il fît route sur une rivière moins douce que le Niger; et même ici, dès qu'on rame, il y a bien quelque danger d'enfoncer. Il est risible, quand on songe aux poitrines de Stentor des hommes de Brass, de les voir munis de deux immenses porte-voix, tout-à-fait superflus assurément. Le canot est commandé par des officiers, cérémonieusement nommés, et pourvus de titres fastueux, à l'imitation des équipages des vaisseaux européens, capitaines, lieutenans, contre-maîtres, etc., indépendamment du cuisinier et de ses marmitons. Le roi Boy tient fort à ces distinctions, qui flattent sa vanité et son importance; elles se montrent dans les moindres bagatelles de la façon la plus divertissante. Nous coucherons cette nuit dans le canot, et il serait superflu de dire que le manque de place sera pour nous la cause, comme naguère, d'une intolérable fatigue. Avant de nous embarquer, nous avons mangé un peu d'ignames, bouillies dans de l'huile de palmier, chez le roi Obie, et sommes restés deux heures à attendre, couchés sur le bord de la rivière. A sept heures du soir, nous nous sommes arrangés pour la nuit, nous trouvant singulièrement serrés et mal à l'aise, grâce à la provision d'ignames et au désordre qui règne dans la cargaison.

CHAPITRE XX.

Départ d'Eboe.—Addizetta.—Cérémonies superstitieuses.—Passagers du canot. — Bords du fleuve. — Première apparence de marée. — Rencontre du chef de la ville de Brass. — Description du roi Forday. — Cérémonie fétiche. — Procession de canots se rendant à la ville de Brass. — Arrivée. — Description de la cité. — Productions du pays. — Maison du roi. — Les voyageurs sont négligés. — Entrevue avec le roi Forday. — Préparatifs pour quitter la ville de Brass.

Vendredi, 12 *novembre*. — Une émeute a eu lieu cette nuit : il s'est élevé, entre les naturels d'Eboe et ceux de Brass, une querelle qui aurait pu avoir de sérieuses et funestes conséquences, si les derniers n'avaient pris la précaution de conduire leur canot hors de la baie, dans le milieu du lit du fleuve, où les habitans ne les pouvaient suivre. Les gens d'Eboe sont accourus en foule sur la rive, armés de fusils et de fourches et d'autres armes offensives, faisant un effroyable bruit, pareil aux hurlemens d'une troupe de loups; il était plus de minuit quand les rugissemens se sont peu à peu calmés. Cette nuit, mon frère a eu un redoublement de fièvre qui l'a laissé vers le matin très-languissant et découragé. Il n'a pu prendre aucun médicament, non-seulement parce que nous sommes exposés à toutes les intempéries de l'air, mais aussi à cause de notre situation pénible, entassés, empilés, avec un nombre considérable de gens, serrés, dans cette barque, comme des harengs dans un tonneau. Le roi Boy a couché à terre avec sa femme Addizetta, fille favorite d'Obie. Cette belle dame s'est fait attendre jusqu'à sept à huit heures du matin. Elle a enfin paru avec son mari. On dit que ce dernier a saisi cette occasion de varier un peu la vie de sa femme par le changement de scène, et qu'il l'amène faire cette excursion avec lui, dans son pays natal, pour la mettre en rapport avec sa propre famille, et ses autres femmes qui résident à Brass. D'ailleurs, Addizetta avait témoigné le désir le plus vif de voir les vaisseaux des hommes blancs, et c'est en partie pour satisfaire cette curiosité qu'elle vient avec nous. En entrant dans le canot, le roi Boy l'a poliment conduite à la meilleure place; c'est-à-dire à un coffre, près de celui qui lui était réservé à lui-même, siéges que nous venions de quitter par égard pour tous deux. Addizetta était tournée, le visage vers la proue, et mon frère et moi nous nous assîmes directement en face, sur un tas d'ignames, si près du royal couple, que nos jambes étaient continuellement en contact, ce qui menaçait de n'être pas sans inconvénient. Nous fûmes quelques momens employés à transporter plusieurs lourds effets de notre canot, que l'on assurait être trop chargé, dans des barques voisines; mais il n'en paraissait pas de beaucoup allégé, quand, à sept heures et demie, nous repoussâmes les rivages d'Eboe; cependant, à l'aide de quarante pagaïes, qui, fendaient l'eau toutes à la fois, en faisant jaillir une écume d'argent, nous glissâmes sur le fleuve, à notre vive satisfaction, avec la rapidité d'un dauphin.

On a fréquemment remarqué que les yeux de l'homme sont placés de façon qu'assis ou debout, il peut, sans peine, regarder la terre et les cieux, avantage que ne possède aucun animal, du moins au même degré. Je réfléchissais à cette particularité de la conformation humaine, quand, jetant les yeux vers l'horizon, pour me convaincre de sa réalité, je trouvai, entre moi et le ciel, la haute et masculine figure de la fille favorite du roi Obie :

aussitôt, le cours de mes idées changea, et, ne pouvant suivre mes premières observations, je jugeai que, *du moins*, l'occasion était favorable pour étudier la physionomie et toute la personne de la *dame des pensées* du roi Boy. Addizetta peut avoir de vingt à trente ans, peut-être moins; car elle prend du tabac, et les femmes vieillissent vite en ces brûlantes contrées. Sa taille est haute, robuste et bien proportionnée, sans cependant avoir cette dignité qui commande le respect. Son visage est rond et ouvert, mais terne et tout-à-fait sans expression : on peut facilement lire dans ses traits et dans ses manières, de la douceur, de l'égalité de caractère et une parfaite indolence; au total, une complète virginité de sentimens et de sensations. C'est de la matière inerte. Son front est uni, brillant comme de l'ébène parfaitement poli, mais il est trop bas pour être noble; ses yeux sont grands, ouverts, beaux, bien que languissans; ses joues larges et pleines, comme celles d'une Hollandaise; son nez est assez comprimé à la racine, mais pas tout-à-fait aussi épaté que le sont généralement ceux des nègres; sa bouche est réellement jolie, les lèvres n'étant pas d'une grosseur désagréable, et découvrant une rangée de dents parfaitement égales, régulières, et aussi blanches que celles d'un lévrier. Son menton..... mais je me sens tout-à-fait incapable de décrire son menton ; je pense seulement qu'il s'harmonise à merveille avec ses autres traits.

Addizetta ne rit que rarement ; mais elle sourit, de la façon la plus engageante, dès que quelque chose lui plaît un peu ; et elle ne paraît pas ignorer la puissante influence qu'ont ses doux sourires sur l'âme de son époux. Son costume et les ornemens qu'elle portait peuvent se décrire en peu de mots. Le premier consiste simplement en un morceau d'étoffe de soie brochée, qui entoure la taille, et descend jusqu'aux genoux. Ses cheveux de laine, tressés avec goût, sont retenus par un réseau et réunis en pointe sur le sommet de la tête ; le réseau est orné, mais sans profusion, de grains de corail, et de rangs qui pendent du haut de la coiffure jusque sur le front. Elle porte des colliers, aussi de coraux précieux ; des anneaux de cuivre entourent ses doigts et ses orteils ; des bracelets d'ivoire ornent ses bras et d'énormes cercles en ivoire, chargent ses jambes, près de la cheville, et l'empêchent presque de marcher, à causé de leur poids et de leur immense grandeur. J'avais à peu près fini l'examen de sa personne, quand

Addizetta, observant que je la considérais avec une attention particulière, rencontra enfin mon regard, et détourna la tête avec un sourire coquet, et triomphant, qui semblait dire : « Oh, homme blanc, vous pouvez bien admirer et adorer ma personne ; je m'aperçois que ma beauté vous frappe, et il n'y a rien d'étonnant à cela. » Mais je me reprochai bientôt cette maligne interprétation d'un regard, et m'accusai d'injustice ; car bien, me dis-je, qu'Addizetta, pauvre simple sauvage, puisse être aussi avide d'admiration que ses blanches sœurs du monde civilisé, cependant, pour ce que j'en sais, ses pensées peuvent être fort loin de toute vanité et de tout amour-propre. Qu'elle eût souri, c'est ce dont je suis très-certain, et gracieusement encore, car je vis une fossette se dessiner sur sa joue ronde et pleine, et une expression de vivacité anima sa physionomie, et fit étinceler son œil languissant, d'un éclair passager. Et que pouvait signifier tout cela ?

J'ai oublié de dire que le corps de la fille du roi Obie est tâtoué en divers endroits ; mais ces incisions ou plutôt ces lacérations sont irrégulières et désagréables à la vue. Son sein, en particulier, porte d'évidentes marques de coupures ou plutôt de balâfres, faites quand Addizetta était encore enfant, car, les blessures ayant mal guéri, la peau s'élève en bourrelets d'un demi-pouce au-dessus des cicatrices. A chaque tempe, près de la veine et touchant presque l'œil, est tatouée la pointe d'une flèche, imitée avec quelque exactitude. Il paraîtrait que l'on a introduit de l'indigo dans la chair avec la pointe d'une aiguille, et c'est par cette marque, tracée sur tous les visages, que les femmes d'Eboe se distinguent de celles des tribus voisines.

Avant de déjeûner, Addizetta passa plus d'une heure à nettoyer et à polir ses dents, en les frottant avec les racines fibreuses de je ne sais quel arbre ou arbuste, fort estimé pour cet usage dans son pays, ainsi que dans l'intérieur de l'Afrique. Des milliers d'individus emploient ici une grande partie du jour à cette amusante occupation. Et c'est à cette cause qu'il faut attribuer la blancheur qui distingue, en général, les dents des naturels.

Vers dix heures du matin, on a servi, pour déjeûner, un plat de poisson bouilli avec des ignames et des bananes. Le roi, craignant que notre présence n'incommodât sa femme, nous a fait prier de nous retirer un peu en arrière pour qu'elle pût manger plus à l'aise et plus tranquillement : car, hélas, nous sommes loin d'être placés sur un pied d'égalité avec Addizetta et son royal époux. Quand ils ont eu fini de déjeûner, et avalé une calebasse de l'eau du fleuve, on nous a servi, à notre tour, notre gamelle, et après nous, l'équipage et les esclaves ont été aussi régalés d'ignames et d'eau. Le soir, un autre rafraîchissement du même genre a été distribué à la ronde : ce sont les seuls repas qu'aient fait les hommes de Brass dans les vingt-quatre heures. Avant de manger, le roi Boy a pour habitude d'offrir une petite portion de sa nourriture aux « Esprits de la rivière, » afin de se concilier leur bienveillance et d'assurer le succès du voyage. Il ne boit pas un verre de rhum ou d'eau-de-vie, sans en jeter quelques gouttes dans l'eau, en invoquant la protection de ces êtres imaginaires, murmurant entre ses dents quelques mots, dont il va sans dire que nous ne pouvons comprendre le sens. Ces coutumes religieuses sont invariablement observées, à ce qu'on nous assure, par les habitans de Brass, quand ils quittent leur pays, ou y retournent, par la voie du Niger : on appelle cela l'offrande du manger et du boire, et on la renouvelle à chaque repas. Un usage du même genre est établi dans le Yarriba, à Badagry, au Cap Coast Castle et généralement le long de la côte occidentale. Jamais les naturels d'aucun de ces endroits ne boiraient un verre de liqueur, sans en répandre une petite quantité à terre comme cérémonie fétiche. Dans la matinée nous avons vu une branche du fleuve courant à l'Ouest, le bras principal descendant toujours au Sud-Ouest.

Nous nous sommes arrêtés aujourd'hui pour acheter des ignames, des bananes, des noix de coco, dans différens petits villages; et la curiosité des pauvres habitans, à notre aspect, était excessive. Ce sont principalement des pêcheurs et des laboureurs; malgré *nos* habits si sales et si grotesques, ils ne nous ont montré nulle grossièreté; loin de là, ils se sont conduits civilement, et leur empressement à nous voir n'avait rien de pénible pour nous. Les porte-voix sont, à ce que nous imaginons, une grande nouveauté pour les naturels de Brass, à en juger du moins par l'extrême ravissement où les jette cette musique, qui n'est pourtant rien moins que mélodieuse. Deux de ces instrumens, comme nous l'avons dit hier, se trouvaient dans le canot pour que l'on pût donner des ordres; et, tout le jour, les officiers n'ont pas cessé, dix minutes de suite, d'y appliquer leur bouche, tant est vif le désir de chacun de souffler là-dedans, et d'ajouter au bruit étourdissant de continuelles querelles. C'est un ennuyeux concert, mais nous sommes bien forcés de nous en arranger et d'écouter en silence. Les trompettes sont ici tout à fait de luxe, les voix des hommes de l'équipage étant assez hautes et assez puissantes pour suffire à toutes les choses de nécessité et d'urgence; et, quand ils enflent leurs poumons d'airain, il n'y a pas porte-voix au monde, quelque grand qu'il puisse être, qui soit de nature à lutter avec l'horrible bruit qu'ils font; ils étoufferaient les rugissemens de la mer.

Indépendamment des officiers du canot et de leur suite, nous avons à bord un tambour, l'intendant du roi, la femme de chambre de sa femme, et deux personnes occupées à vider l'eau, sans compter trois capitaines, pour la direction et la sûreté du canot. Le tapage fait par tout ce monde, à notre départ, en hurlant à leur fétiche à travers les porte-voix, passait toute description. Leur but était de nous assurer un heureux voyage, et bien certainement, si le bruit y peut quelque chose, nous pouvons compter sur tout le bonheur imaginable. Les villages devant lesquels nous avons passé aujourd'hui, étaient très-nombreux, et semés sur les bords de la rivière, à des intervalles de deux à trois milles l'un de l'autre. Ils étaient entourés par plus de terre cultivée que nous n'en avions encore vue cette dernière quinzaine. Les récoltes consistent en ignames, bananes, figues bananes, maïs, etc.; et nous n'en avons pas vu de si abondantes depuis que nous avons quitté Kacunda. Le sol des rives semble très-propre à la culture du riz, et de toutes les autres espèces de grains que nous avons observées dans l'intérieur. De la rivière, les villages ont un aspect très-agréable; les maisons, bâties d'une terre légèrement colorée, et recouvertes avec des branches de palmier, ressemblent beaucoup à nos propres chaumières. Ces huttes sont de forme carrée, avec deux fenêtres de chaque côté de la porte, mais sans étage supérieur.

Ces villageois ne se montrent pas plus confians que ceux au-dessus de la ville d'Eboe, dans leur trafic avec nos gens; car les hommes venaient seuls apporter leurs ignames et leurs vivres, et ils étaient armés de fusils et d'épées. Leurs poissons consistaient en chair de chat-marin et en crevettes; fumé sur un feu de bois, et bouilli ensuite, cela était très-mangeable. Les naturels de cette partie des rives ne sont point tatoués; ils portent des étoffes de gazon tressé, attachées autour de leur corps, et les plus riches ont ce vêtement unique en cotonnade imprimée. Nous louâmes deux petits canots pour porter les ignames que nous avions achetés.

En plusieurs endroits, nous avons remarqué que la rivière inonde ses bords, et coule à travers les arbres et d'épais taillis. Dans les endroits où elle est le plus large, elle ne paraît guère avoir qu'un mille et demi; son cours, aujourd'hui, se dirigeait presque droit au Sud-Ouest; sa largeur diminue sensiblement : ce n'est presque plus qu'un fleuve ordinaire.

Samedi, 13 *novembre*.— Il n'y a peut-être pas sous le soleil, pour celui qui est fatigué et épuisé, plus grand soulagement qu'un sommeil profond et fortifiant; ni, dans notre opinion, plus grande souffrance que d'en être privé. Dans ces heures muettes et sombres que la nature a destinées au repos, l'insomnie est presque toujours accompagnée d'idées lugubres, d'impatience, de tristes présages, de douloureux souvenirs, et amène constamment la langueur, la lassitude et la maladie. Il n'y a pas créatures au monde qui aient plus de raison de se plaindre que nous de voir leur sommeil interrompu, leurs nuits troublées. Jusqu'ici nous avons dû en accuser l'humidité, les pluies, la rosée, le froid, les attaques des mosquites, les bruits effroyables, les cris perçans, une fatigue excessive, ou des appréhensions et de l'anxiété d'esprit; maintenant, à défaut de ces causes, nous sommes gênés, et si péniblement serrés, faute de place, que, quand nous tombons de sommeil, nous trouvons impossible de nous appuyer d'aucun côté sans que les lourdes jambes de M. et de Mme Boy, avec leurs prodigieux ornemens d'ivoire, ne pèsent sur nos visages ou sur nos poitrines. Une fois dans cette position, il faudrait la force d'un rhinocéros pour s'en tirer, et c'est ce qu'on peut imaginer de plus fatigant. La nuit dernière, nous avons été extrêmement malheureux, et une seconde attaque de fièvre, qui m'a pris ce soir, rend ma situation encore plus lamentable et plus cruelle; il serait absurde d'espérer jouir d'un peu de repos, quelqu'impérieux qu'en soit le besoin, lorsque deux, trois ou quatre jambes et pieds nus, gros, noirs et rudes, sont en contact perpétuel avec votre figure et votre corps, fermant passage à la respiration, et pesant quelquefois avec assez de force pour menacer de vous étouffer. Ne pouvant endurer plus long-temps ce supplice, cette nuit, j'ai préféré me tenir debout dans le canot; mon frère, assez indisposé, était tout-à-fait hors d'état de suivre mon exemple, et j'ai dû faire mes efforts pour rendre, s'il y avait moyen, sa situation plus tenable; dans ce but j'ai pincé les pieds de nos ronflans compagnons (M. et Mme Boy) à plusieurs reprises, jusqu'à ce que la douleur les réveillât en sursaut et leur fît retirer leurs jambes; grâce à ce stratagême, John put se placer en arrière de quelques pouces, et poser sa tête dans un étroit espace entre deux boites; mais il n'avait pas la faculté de se tourner à droite ou à gauche, et, ainsi encaissé, ne pouvant bouger ses membres souffreteux, il a passé de longues heures sans sommeil, et s'est levé ce matin les os brisés, les bras et les jambes rompus, se plaignant amèrement des angoisses que lui avaient fait éprouver les pieds du robuste couple royal, leurs anneaux d'ivoires et leurs tas d'ignames.

Ce n'est qu'à deux heures du matin que nous avons gagné un endroit où l'on put s'arrêter un peu et laisser aux rameurs quelque relâche. Au point du jour nous avons repris le courant, et les pagaïes ont de nouveau fendu les eaux; à sept heures du matin, Boy et sa femme étant descendus à terre pour commercer, j'ai pris leur place et j'ai dormi profondément une heure et demie, à mon grand soulagement. Nous avons passé la journée tout-à-fait comme hier, sans rencontrer rien de remarquable; nous arrêtant de temps à autre à certains villages, épars sur les bords, pour faire des échanges avec les habitans. Les figues-bananes, les bananes, les ignames, sont toujours cultivés et d'une abondance presque incroyable; pendant près de vingt milles, à peine avons-nous vu autre chose que des plantations de ces arbustes et végétaux. Nous avons conclu de l'étendue de ces cultures que le pays est infiniment plus populeux que son apparence générale ne semblerait l'indiquer; il est plat, ouvert, varié, et beau dans plusieurs parties; le sol est un riche terreau noir et gras; mais, en dépit de ces vastes plantations et d'autres terres verdoyantes, l'inutile manglier (*rhizophera mangle*), avec ses branches pendantes, et ses innombables racines, peuple chaque bas-fond humide, et gagne du terrain à mesure que nous approchons de la mer. Nous avons continué de descendre la rivière jusqu'à deux heures après minuit; alors nous nous sommes arrêtés près d'un petit village sur la rive Est; le bateau a été amarré au rivage, et l'équipage s'est arrangé dans le canot pour y dormir. Ayant passé la nuit d'avant debout, par la meilleure de toutes les raisons, à savoir que je n'avais pas la place de m'étendre, vu la façon dont nous étions entassés, et me sentant hors d'état de recommencer la même vie, j'ai pris ma natte et suis descendu sur la plage, déterminé à coucher à terre. Vaincu par la fatigue, je n'étais plus sensible à la crainte d'être attaqué par les crocodiles ou quoi que ce fût, et, après avoir choisi un lieu sec, je m'étendis sur ma natte, et tombai de sommeil. A peine endormi, je fus éveillé par plusieurs piqûres très-vives, et je me trouvai couvert de fourmis noires; elles avaient monté le long de mes pantalons, et me tourmentaient horriblement. Ne sachant comment m'en débarrasser, je me mis à courir de toutes mes forces, croyant les secouer ainsi de dessus moi; mais cet expédient ne put m'en délivrer. Nos hommes, Paskoe, Sam et Jaoudie, voyant à quelles extrémités j'étais réduit, descendirent du canot, et allumèrent de grands feux en forme de cercle: au centre de cet anneau magique je dormis jusqu'au jour. La piqûre d'une fourmi noire est aussi douloureuse que celle d'une guêpe.

Dimanche, 14 *novembre*. — Ce matin, au point du jour, quand les naturels apportèrent leurs poissons et leurs ignames à vendre, ils ne parurent nullement surpris de nos figures blanches, d'où je présume qu'ils ont déjà vu des blancs à la côte. A cinq heures du matin, nous avons continué notre course sur la rivière. A dix heures, nous avons dépassé un petit bras, coulant à l'Est-Sud-Est.

Pendant le trajet d'aujourd'hui, nous avons rencontré plusieurs bancs de sable, au milieu du fleuve, et les rameurs y ont poussé le canot exprès, pour descendre dans l'eau et se baigner. Le soleil était d'une chaleur ardente, et ce rafraîchissement leur a fait grand bien. Le canal, autour des bancs de sable, paraissait très-profond, et l'eau, sur les bords, avait de trois à quatre pieds. Quand l'équipage eut bien savouré le plaisir du bain, nous nous remîmes en route.

A sept heures du soir, nous quittâmes la rivière principale, nous dirigeant vers Brass-Town, à travers un petit bras courant dans une direction Sud-Est, à l'Est du grand bras d'où nous sortions. Le cours du Niger était Sud, et il continuait à couler vers le même point, lorsque nous l'abandonnâmes. Aujourd'hui, nous vîmes ses bords inondés en plusieurs endroits. Sa largeur, considérablement diminuée, n'était que d'un mille et demi; et, aux passages les plus étroits, il n'avait guère que cent cinquante toises. De nombreux villages garnissaient ses rives; et, où le terrain n'était pas inondé, il y avait de grandes cultures.

Il pouvait être environ huit heures et demie du soir, lorsque nous eûmes la joie de nous sentir sous l'influence de la marée. Nous avions déjà remarqué sur l'eau une apparence d'écume qui pouvait être apportée de l'embouchure de la rivière, par la marée montante. Mais, maintenant, nous étions certains de ne pas nous tromper. Le canot touchait à tout moment sur des bas fonds ou se trouvait arrêté par des plantes aquatiques et des taillis qui entravaient la marche et nous retardaient beaucoup, les rameurs étant obligés de sortir du canot pour l'alléger. L'eau formait une crique étroite, se prolongeant sous une avenue de mangliers recourbés en voûte, et dont l'épais ombrage était dans plusieurs parties tout-à-fait impénétrable à la lumière du ciel. A dix heures, il survint une forte averse; et, quand la pluie fut passée, les gouttes restées sur les feuilles commencèrent à tomber sans relâche dans le canot, presque jusqu'au matin. L'odeur des substances végétales putréfiées était excessivement désagréable et nous occasionnait des nausées.

Lundi, 15 novembre. — Nous voyageâmes toute la nuit à travers ce sombre et triste labyrinthe, ne nous arrêtant que de loin en loin, et quelques minutes seulement, pour nous dégager des longs rameaux pendans du manglier, et des ronces qui s'étendaient comme autant de piéges pour nous enlacer. Ces plantes indigènes sont si vivaces et si fortement cramponnées les unes aux autres, qu'il serait impossible de les extirper du sol. Cependant, leurs racines et leurs branches ralentissent le cours de l'eau, et deviennent des réceptacles de limon, de fange et de toute espèce de débris, qui se pourrissent et exhalent une odeur infecte, et probablement délétère et malfaisante. La raison pour laquelle nous avons marché toute la nuit, c'est que le roi Boy craignait de ne pouvoir arriver à temps au lieu où son père et ses frères devaient le rejoindre. Gun avait quitté la ville d'Eboe, un jour avant nous. Le rendez-vous était un endroit particulier, que nous atteignîmes vers neuf heures, et où nous trouvâmes la famille du roi Boy, occupant trois grands canots, avec sa suite. Là, nous fîmes une halte, et, attachant nos barques aux arbres du bord, nous jouîmes d'une demi-heure de repos, et prîmes quelques rafraîchissemens. On nous présenta au célèbre roi Forday, qui se dit souverain de tout le pays. Le vieux monarque était assis dans un des canots, entouré de plusieurs prêtres. Le second canot appartenait au roi Boy, et le troisième à M. Gun. Ces canots étaient venus de si loin, tout exprès pour nous escorter à notre entrée à Brass.

Le roi Forday est un vieillard, d'un aspect vénérable, quoiqu'il fût misérablement habillé, en partie à l'européenne, en partie avec le costume indigène. Comme la plupart des sauvages, sa prédilection pour les spiritueux est extrême, et il but en notre présence une immense quantité de rhum, sans que ses manières où sa conversation s'en ressentissent le moins du monde. Dans son humeur joviale, il essaya de chanter, mais sa voix faible et cassée ne seconda pas son envie, et les sons s'éteignirent. Cependant ceux de ses sujets qui étaient là, et il y en avait près de deux cents, témoignèrent leur approbation de cette tentative par un terrible « yah, » qui partit à la fois de toutes les bouches, et résonna au loin comme le rugissement d'un lion.

Pendant notre déjeûner, la marée baissa, laissant nos canots sur la vase. Le repas fini, les prêtres commencèrent leurs cérémonies, et dessinèrent à la craie sur la personne du roi Boy, de la tête aux pieds, des lignes, des cercles et quantité de figures fantastiques, qui le métamorphosèrent si complètement, qu'il était difficile de le reconnaître à une distance de quelques toises. On l'avait dépouillé de ses vêtemens habituels, ne lui permettant de porter qu'un étroit mouchoir de soie, noué autour des reins. Sa tête était couverte d'une petite calotte serrée, faite d'herbes tissées, et ornée des grandes plumes de la buse noire et blanche, qui est l'oiseau fétiche de la ville de Brass. Il tenait dans chaque main deux énormes lances, couvertes aussi de dessins à la craie; ainsi équipé, il avait une apparence des plus grotesques. On fit subir la même opération à tous les assistans nègres, et les prêtres fétiches s'y conformèrent aussi. Pour les gens de notre suite, on se contenta de les marquer au front; quant à nous, nous en fûmes tout-à-fait exemptés, peut-être parce que notre peau, bien que terriblement basanée, était originairement blanche.

A onze heures, on nous fit passer dans le canot du roi Forday; le vieillard nous invita de suite, en assez bon anglais, à prendre un verre de rhum avec lui; et, nous voyant émerveillés de l'étrange aspect du roi Boy et de tous ceux qui l'accompagnaient, il nous expliqua qu'aucun homme blanc n'ayant jamais descendu la rivière comme nous l'avions fait, ces barbouillages étaient une mesure de précaution, pour empêcher qu'il leur arrivât malheur. Nous apprîmes aussi, par lui, qu'à l'occasion de notre visite, on célébrerait un rit religieux en l'honneur de Dju-Dju, le fétiche ou dieu domestique de la ville de Brass. La marée revenait et montait rapidement; en conséquence, on fit les préparatifs nécessaires pour se diriger vers Brass. Les canots furent tous alignés, celui du roi Boy en tête, le roi Forday et nous dans le second, suivi du frère du roi Boy, M. Gun; les gens de Damuggou, dans d'autresbarques, fermaient la marche. Nous nous mîmes alors en mouvement, conservant le même ordre. Gun prend le titre de *petit roi militaire* de Brass, parce que c'est à lui qu'est confiée la garde de toutes les armes et de toutes les munitions; et nous eûmes plus d'une occasion d'apprécier son importance et son activité, quand, dépassant tout à coup le reste des canots, il faisait feu du canon amarré à l'avant de sa barque, puis revenait en arrière. Ainsi que l'indique son nom, *Fusil*, il a les penchans fort guerriers.

L'ensemble de cette procession formait un coup-d'œil des plus extraordinaires. Les canots se suivaient à la file, avec assez de régularité, déployant chacun trois pavillons. A la proue du premier, le roi Boy se tenait debout, la tête couronnée de longues plumes qui se balançaient à chaque mouvement de son corps, couvert des figures les plus fantasques, blanches sur fond noir; il s'appuyait sur deux énormes lances barbelées, que de temps à autre il lançait avec force dans le fond du canot, comme s'il eût tué quelque animal sauvage et redoutable gisant à ses pieds. A l'avant des autres canots, des prêtres exécutaient des danses, et faisaient mille contorsions bizarres. Toutes leurs personnes, ainsi que celles des gens de la suite, étaient barbouillées de la même façon que le roi Boy; et, pour couronner le tout, le grand intendant militaire, M. Gun, s'affairait, courant de la tête à la queue de la file, quelquefois le premier ou le dernier, ajoutant à l'effet imposant du cortége par les décharges répétées de son unique canon.

Nous continuâmes à faire route ainsi jusqu'à près de midi; alors nous entrâmes dans une petite baie, et vîmes devant nous, sur la rive Sud, deux groupes distincts d'édifices, l'un composant la ville du roi Forday, l'autre celle du roi Jacket. Les canons de tous les canots firent feu, et la foule accourut pour nous voir approcher. Le fracas de l'artillerie ayant cessé, il se fit un grand silence, et l'escadre s'avança très-lentement entre les deux villes, se dirigeant vers une petite île, un peu à l'Est des domaines du roi Jacket. Cette île est la demeure de Dju-Dju, ou grand-prêtre fétiche, et de ses femmes : il n'est permis à aucune autre personne d'y résider. Comme nous passions devant la ville de Forday, une petite batterie, placée près de l'eau, nous salua d'une décharge de sept canons. Les barques s'arrêtèrent près de la hutte fétiche, qui est un bâtiment en terre bas et insignifiant. Le prêtre, blanchi à la façon de Boy, s'approcha, et fit, de la plage, quelques questions d'un air tout particulier : les réponses parurent le satisfaire. Ensuite Boy débarqua, et, précédé de la grande figure du prêtre, il entra dans la hutte consacrée. Bientôt après, le prêtre en sortit, revint au bord de la rivière, et, nous regardant avec beaucoup d'anxiété, cassa un œuf, versa un peu de la partie liquide dans l'eau, et retourna à la cabane. Les hommes de Brass se jetèrent alors précipitamment hors du canot, gagnèrent la rive, et revinrent en hâte; ce qui nous parut tout aussi mystérieux que le reste.

Après être resté une heure entière renfermé dans la hutte avec le prêtre, Boy nous rejoignit devant l'île, où nous l'attendions, et nous allâmes débarquer à la ville de Forday. Dans la singuliere cérémonie dont nous venions d'être témoins, il était évident que nous étions les principaux personnages en jeu; mais qu'elle se soit terminée pour ou contre nous, que les réponses de Dju-Dju soient ou non propices, c'est ce que nous ne saurons que par la conduite à venir du peuple de Brass avec nous.

Tandis que nous étions à bord, impatiens d'être quittes du fétiche et de ses singeries, nous éprouvâmes une vive émotion de joie en voyant un homme blanc sur le rivage. C'était un grand bonheur que de reconnaître les traits d'un Européen au milieu de cette foule de sauvages. Cet individu est venu, ce soir, nous visiter; sa conduite a été parfaitement affable et obligeante. Il nous a dit, dans le cours de la conversation, qu'il était capitaine d'un schooner espagnol, maintenant à l'ancre dans la rivière Brass, pour y prendre une cargaison d'esclaves. Six hommes de l'équipage, qui ont été fort malades de la fièvre, sont aussi à terre.

Mardi, 16 *novembre*. — De tous les endroits sales et dégoûtans, il n'en est pas un au monde qui puisse l'emporter sur celui-ci, ni offrir à l'œil d'un étranger plus misérable aspect. Dans cette abominable ville de Brass, tout n'est que fange et saleté. Les chiens, les chèvres, et autres animaux encombrent les rues boueuses; ils ont l'air affamé, et le disputent de misère avec de malheureuses créatures humaines, à traits hâves et décharnés, à physionomie hideuse, dont le corps est couvert de larges pustules, et dont les huttes tombent en ruines, par suite de négligence et de malpropreté.

A bien dire, Brass consiste en deux villes, d'égales dimensions, contenant environ mille habitans chacune, et bâties sur les bords d'une espèce de bassin formé par une quantité de ruisseaux arrivant du Niger, et se frayant une route à travers des forêts de mangliers. Comme je l'ai dit plus haut, une de ces villes est sous la domination du roi Jacket, drôle et fripon fieffé; la seconde a pour gouverneur un chef rival, le roi Forday. Toutes deux sont bâties précisément en face l'une de l'autre, à un intervalle de quatre-vingts toises, et sur un terrain marécageux qui rend toutes les huttes humides. Un autre endroit, nommé par les Européens «la Ville des Pilotes,» à cause du nombre de pilotes qui l'habitent, est situé à l'embouchure de la première rivière de Brass (ç'est la rivière *Nun* ou *Noun* des Européens), et à une distance de soixante à soixante-dix milles d'ici. Cette dernière ville reconnaît l'autorité des deux rois, s'étant peuplée, dans l'origine, de leurs sujets.

A marée basse, le bassin de Brass reste à sec, et laisse voir une surface noire et limoneuse, sillonnée de petits ruisseaux qui sont autant d'égoûts : cette masse de vase exhale une puanteur insupportable, due à la décomposition de plusieurs substances végétales, et à la quantité d'ordures que jettent dans le port les habitans des deux villes. Malgré cette infection, on voit des enfans et de grandes personnes, nues, se jouer et folâtrer dans la fange, dès que la marée se retire, tout aussi à l'aise que s'ils étaient sur la rive.

Les gens de Brass ne cultivent ni ignames, ni bananes, ni grains d'aucune espèce. Ils se contentent du fruit du plantanier, qui, avec un peu de poisson, forme leur principale nourriture. Cependant, on importe librement d'Eboe et d'autres pays quantité d'ignames qui se revendent avec avantage aux vaisseaux à l'ancre dans la rivière. Les trafiquans de Brass font surtout des profits considérables sur les marchandises d'Europe, qu'ils vendent aux habitans de l'intérieur, et sur l'huile de palmier, qu'ils fabriquent eux-mêmes, et qu'on vient chercher de Liverpool. Le sol des environs est pauvre et marécageux, quoique couvert d'une végétation forte, vivace et impénétrable. Une race active et industrieuse trouverait de grands obstacles à la culture générale du pays; et jamais les possesseurs actuels ne pourraient en extirper le manglier; il est donc probable que les choses resteront comme elles sont jusqu'à la fin des temps.

L'habitation où nous sommes installés appartient au roi Boy; elle a été bâtie tout-à-fait au bord du bassin, il y a peu de temps, par un charpentier qui a remonté la rivière tout exprès, venant de Calabar, qui est sa ville natale. Il a reçu sept esclaves pour salaire. Il faut que cet homme ait vu des maisons européennes, car celle-ci est évidemment construite à l'instar de nos édifices. Elle est de forme oblongue, et contient quatre pièces, toutes au rez-de-chaussée, boisées, et garnies de portes et d'armoires passablement faites. Le bois porte des marques qui annoncent qu'il a fait partie d'un vaisseau; ce sont probablement les débris de celui qui a été naufragé dernièrement, nous dit-on, à la barre de la rivière. La maison a été convertie en une espèce de sérail par le roi Boy; parce que, selon ses propres expressions, « il a nombre de femmes » qui ont besoin d'être surveillées. Elle sert aussi de magasin pour les denrées d'Europe, le tabac et les liqueurs fortes. Les solives sont de bambou, et le toit de feuilles de palmier. L'appartement que nous habitons a une fenêtre qui donne sur le bassin : à l'extérieur est un pavillon ou portique occupé maintenant par Paskoe et ses femmes. Tout l'ameublement se compose d'une vieille table de chêne. Les siéges, en terre, s'élèvent de trois pieds au-dessus du sol. Ils sont, ainsi que le plancher, qui est de boue, tellement mous et humides, qu'on peut y enfoncer la main, sans peine, n'importe à quel endroit. Dans un coin est une porte communiquant aux autres pièces, mais sans serrure, et toujours entrebâillée, excepté de nuit. Un des côtés de la chambre est décoré d'une vieille gravure française, représentant la Vierge Marie entourée d'une foule d'anges et de chérubins en adoration; au bas est une prière à « Notre-Dame de bonne délivrance. » Tout le groupe est d'un dessin et d'une exécution détestables.

A la marée haute, l'eau monte jusqu'aux portes et aux fenêtres de la maison, ce qui explique son humidité habituelle : elle n'en est pas moins fort estimée de son propriétaire, qui la nomme *une maison anglaise*. Les autres sont en général bâties d'une sorte de torchis jaunâtre, et les fenêtres ont des contrevens. Il y a en face de la ville plusieurs huttes, où les habitans font du sel, après la saison pluvieuse. Actuellement, l'eau est saumâtre, par suite des pluies; mais, d'ici à deux mois, Boy nous assure qu'elle sera presque tout sel, et alors on commencera à le recueillir. C'est un excellent article de commerce, qui s'importe en grande quantité au marché d'Eboe, où on l'échange contre des ignames, les cauris n'ayant pas cours sur la rivière au-dessous de Bocquâ.

Les principales occupations du peuple ici, sont la fabrication du sel, la pêche, la préparation de l'huile, et le commerce avec le pays d'Eboe, car on ne voit nulle part un pouce de terrain cultivé. Les habitans vivent de figues bananes, d'huile de palmier et de poissons. Ils apportent de la volaille d'Eboe, mais en élèvent eux-mêmes fort peu, et conservent soigneusement ce qu'ils en ont pour les vendre aux vaisseaux qui fréquentent la rivière.

Une petite quantité d'huile de palmier serait pour nous un grand régal, mais le roi Boy ne veut pas nous en donner. Notre pitance journalière consiste en une moitié d'igname. Ce soir, deux des femmes de Boy, profitant de son absence, nous ont apporté chacune un demi-verre de rhum et quatre ignames. Il y avait de quoi faire un festin, mais les pauvres créatures couraient de grands risques; car, si leur seigneur et maître eût découvert le larcin, il est plus que probable qu'il les eût fait fouetter et vendre.

Tout humide et malsaine qu'est notre habitation, nous y sommes du *moins* à *notre aise*, libres de nous étendre de notre long, plaisir que ni or ni argent n'eût pu nous procurer à bord du canot. Le capitaine espagnol est revenu nous visiter ce matin, et a quitté la ville cette après-midi, pour retourner à son bord. Il se plaint que les esclaves sont rares, chers, et obtenus à grand'peine.

Aujourd'hui, le roi Forday m'a fait engager à l'aller voir, et je me suis empressé de me rendre à son invitation. Sa maison est à cent toises environ de celle du roi Boy. En entrant, je l'ai trouvé assis, à-demi ivre, au milieu d'une douzaine de ses femmes, et d'un pareil nombre de chiens, dans une petite pièce fort sale. Il m'a invité à m'asseoir à ses côtés, et à boire un verre de rhum. Il me fit ensuite comprendre du mieux qu'il put, qu'il était d'usage que tout homme blanc, qui venait à Brass par la rivière, lui payât quatre *barres*. Je lui en témoignai mon ignorance et ma surprise, mais sa réponse fut formelle :

« C'est là ma demande, et je ne souffrirai pas que vous laissiez cette ville, à moins que vous ne me donniez un *livre* pour le montant de cette somme. » Voyant que je n'avais d'autre parti à prendre que de céder, je lui fis un billet sur Lake, capitaine du vaisseau anglais. Après quoi, il dit : « Demain, vous pourrez vous rendre au brick, et amener avec vous un de mes domestiques; mais votre second (voulant parler de mon frère) restera ici avec vos sept hommes, jusqu'à ce que mon fils, le roi Boy, rapporte les marchandises pour lui et pour moi ; cela fait, vos compagnons seront envoyés à bord sans délai. » Bien que je regrettasse de me séparer de mon frère, je fus obligé de souscrire à cet arrangement; et, dans l'espoir que ma condescendance me profiterait, je confiai au roi Forday que nous étions tous affamés, lui demandant de nous envoyer une ou deux volailles, ce qu'il promit.

Afin de pouvoir paraître décemment devant mes compatriotes demain, j'ai passé toute l'après-dînée enveloppé d'un vieux drap, tandis qu'on lavait et séchait mes habits. Il est six heures du soir, et le vieux ladre de roi ne nous a pas plus envoyé de volailles que d'ignames. C'est ici un lieu de disette. M. Gun nous a fourni, depuis notre arrivée, deux repas, composés d'un peu d'ignames pilés et de poisson bouilli dans l'huile, et il a l'impudence de demander deux fusils en paiement. Ces drôles, comme presque tous les nègres de la côte, sont de misérables fripons, qui ne valent pas mieux que des sauvages. Ils ont, dernièrement, nous a-t-on dit, laissé mourir de faim, à la lettre, trois blancs, appartenant à l'équipage d'un vaisseau négrier, qui a sombré en passant la barre.

CHAPITRE XXI.

Richard Lander quitte la ville de Brass. — Idée des naturels sur un écho. — Arrivée à bord du brick anglais dans la rivière de Nun. — Réception. — Désapointement de Richard Lander. — Conduite du commandant du brick. — Anxiété de Richard. — Arrivée de John Lander au vaisseau. — Narration de ce dernier. — Situation de l'équipage. — Conduite du capitaine. — Efforts infructueux pour sortir du fleuve. — Situation périlleuse du brick. — Un vaisseau de guerre. — Arrivée à Fernando-Po — Description de Clarence. — Naturels de l'île. — Golfe de Guinée. — Tornados. — La rivière de Calabar. — Ville d'Ephraïm. — Passage à Rio-Janeiro. — Retour en Angleterre.

Mercredi, 17 *novembre*. — J'avais arrêté qu'un de nos hommes descendrait la rivière avec moi; et, à dix heures, prenant congé de mon frère et du reste de nos gens, nous nous embarquâmes dans le canot du roi Boy, le cœur et l'âme allégés d'un grand poids. Quoique nous fussions encore à soixante milles de l'embouchure de la rivière, notre voyage me paraissait si près de sa fin, que je ne prévoyais plus ni tourmens ni obstacles. Déjà, je me voyais, par anticipation, à bord du brick; cordialement accueilli du commandant, je lui racontais nos périls, nos fatigues, tout ce que nous avions eu à souffrir, et il m'écoutait avec une tendre commisération : j'étais sûr d'avance qu'il ferait tout au monde pour m'aider à remplir mes engagemens avec les naturels, et me félicitais du bonheur que j'avais eu de trouver dans la rivière, précisément à l'époque de notre arrivée, un vaisseau venant de notre pays, et monté par des compatriotes. Ces pensées et une foule d'autres sur la patrie et les amis absens, remplissaient mon esprit, comme notre canot filait à travers d'étroites criques, l'eau serpentant sous des avenues de mangliers, ou s'étendant en petits lacs formés par les débordemens de la rivière. Le capitaine du canot, grand et robuste nègre, se tenait debout à l'avant, dirigeant notre course, et appelant le fétiche, d'un cri haut et perçant, chaque fois que nous arrivions à un détour; quand l'écho répondait, on jetait dans l'eau un demi-verre de rhum et un morceau d'igname et de poisson. Je n'avais jamais vu faire cela avant, et demandai à Boy pourquoi on perdait ainsi des vivres. Se tournant vers le capitaine du canot, il lui dit : « N'avez-vous pas entendu le fétiche? » — « Oui. » — « C'est pour lui, » me répliqua-t-il. « Si nous ne le nourrissions pas de notre mieux, si nous ne lui faisions pas de bien, il nous tuerait, ou nous rendrait pauvres et malades. » Je ne pus m'empêcher de sourire de l'ignorance de ces pauvres créatures qui croient fermement à la puissance de ces divinités invisibles.

Nous avions fait route de cette manière, nous dirigeant principalement à l'Ouest, jusque vers trois heures de l'après-midi, lorsque nous entrâmes dans un bras, large d'environ cent toises, et voyant un petit village à peu de distance devant nous, nous résolûmes de nous y arrêter, pour y prendre un peu de poisson sec. Notre provision faite, nous poussâmes plus loin, mais, au bout d'une heure, il fallut faire une nouvelle halte, pour donner à nos gens le temps de manger. Boy daigna m'offrir un gros morceau d'igname, réservant pour lui seul tout le poisson que nous avions à bord. Après s'en être amplement régalé, il s'endormit profondément. Tandis qu'il ronflait à mes côtés, le reste des provisions attira mes yeux, et la moitié d'igname qu'il m'avait donnée ne m'ayant rassasié qu'à-demi, j'éprouvai une irrésistible tentation de mettre la circonstance à profit. Ma faim, d'ailleurs, me justifiait pleinement, et me poussait à ce larcin; je cédai donc et dévorai deux petits poissons crus, mais qui me semblèrent délicieux ; je ne me rappelle pas avoir, dans toute ma vie, mangé quelque chose de plus succulent.

C'est à peine si l'on voit un pouce de terrain sec, tout est couvert d'eau et de mangliers. Après un repos d'une demi-heure, nos hommes reprirent leurs pagaïes, et, à sept heures du soir, nous atteignîmes la seconde rivière Brass, qui est un grand bras de la Quorra. Nous continuâmes notre marche presque droit au Sud; et, au bout d'une demi-heure, j'entendis, avec une joie indicible, le bruit du ressac, ou des vagues se brisant à la plage. Nous avancions toujours, et notre canot fut amarré pour la nuit à un arbre, sur la rive occidentale de la rivière.

Jeudi, 18 *novembre*. — Ce matin, mes habits étaient aussi trempés, par une rosée abondante, que si j'eusse couché dans le fleuve et non dans le canot. C'était une sensation assez désagréable, mais je l'avais éprouvée plus d'une fois, et je me flattais que, bientôt, toutes ces misères allaient avoir un terme. A cinq heures, la corde qui nous liait à l'arbre ayant été détachée, nous nous dirigeâmes à l'Ouest, en remontant une crique. A sept heures, nous arrivâmes dans la branche principale de la Quorra, qu'on appelle ici la rivière Nun, ou première rivière Brass. Nous avions en face de nous, en y entrant, un large bras, que le roi Boy nous dit couler vers Benin. La direction de la rivière Nun était ici presque du Nord au Sud, et nous continuâmes à descendre le courant.

Un quart-d'heure après notre entrée dans la Nun, nous découvrîmes, à quelque distance devant nous, deux vaisseaux à l'ancre. Les émotions de bonheur que cette vue nous causa défient toute description. Le plus près de nous était un schooner, le négrier espagnol, dont nous avions vu le capitaine à la ville de Brass. Notre canot s'en approcha rapidement, et je montai à bord. Le commandant me reçut d'une façon obligeante, et m'engagea à prendre avec lui de l'eau-de-vie mêlée d'eau. Il se plaignit du fâcheux état où était son équipage, disant que la rivière était extrêmement malsaine, et que, depuis six semaines qu'il y était, il avait perdu six hommes. Ceux qui lui restaient, au nombre de trente, étaient tellement affaiblis et malades, qu'à peine pouvaient-ils se remuer; gissans sur le pont, ils avaient plus l'air de squelettes que de vivans. Ne pouvant porter remède à ce désastre, je pris congé du capitaine, et retournai dans le canot.

Nous nous dirigeâmes alors vers le brick anglais, qui était en panne à environ cent cinquante toises plus bas. Je l'atteignis avec un vif sentiment de joie, mêlé pourtant de quelques doutes et de quelque inquiétude. Tout y était dans une aussi triste situation qu'à bord du schooner; quatre hommes de l'équipage venaient de mourir de la fièvre; quatre autres, les seuls qui survécussent, étaient fort mal, et couchés dans leurs hamacs; le capitaine, lui-même, paraissait être au dernier degré d'une maladie de langueur. Il avait eu une première atteinte dont il s'était remis, puis, pour s'être exposé trop tôt à l'air, une rechute fort dangereuse, et qui avait failli lui être fatale. Je lui dis qui j'étais, lui expliquant ma situation de mon mieux, et entrant dans une foule de détails; je lui fis lire haut mes instructions par un des hommes de son bord, afin qu'il pût voir que je ne lui en imposais pas; enfin, je finis par le prier de vouloir bien nous racheter en payant ce que demandait le roi Boy, l'assurant que tout ce qu'il aurait avancé pour nous lui serait fidèlement rendu par le gouvernement de la Grande-Bretagne.

Qu'on juge de ma surprise et de ma consternation, lorsque cet homme refusa nettement de donner la moindre chose, employant, tout faible et tout malade qu'il était, les expressions les plus offensantes et les plus infâmes jurons. « Si vous croyez, » me dit-il, « avoir affaire à un imbécille ou à un fou, vous vous trompez; je ne donnerais pas un fétu de votre parole ou de votre billet! je m'en soucie comme de cela. Le diable m'emporte si vous tirez de moi un seul liard! » Pétrifié d'étonnement et d'horreur à une pareille réception, je me reculai avec effroi; à peine pouvais-je en croire mes oreilles! Mais le misérable recommença avec une nouvelle véhémence, jurant, sacrant, sans se lasser. Je n'avais jamais cru possible une telle brutalité, une pareille conduite de la part d'un compatriote; j'étais accablé de douleur et de honte, et me sentais tout près de succomber sous le poids d'un malheur aussi imprévu. Je regagnai le canot, ne sachant comment agir, ni quel parti prendre. De ma vie, je n'avais éprouvé autant d'humiliation et d'abattement. Pendant tout le chemin que nous venions de parcourir en Afrique, nous avions été bien traités (du moins avant notre désastre de Kirri), nous avions fait aux différens chefs les présens qu'ils attendaient de nous; et par dessus tout nous avions conservé notre réputation parmi les naturels, en tenant fidèlement nos promesses. Il ne dépendait plus de nous de continuer à agir de même, puisque toutes nos richesses étaient épuisées; mais quand, usant d'une dernière ressource que je croyais certaine, j'avais promis que le prix de notre rançon serait payé par le premier de nos compatriotes que nous rencontrerions à la côte, et cela sur les meilleures garanties, se voir ainsi repoussés, désavoués, c'était à la fois un déshonneur pour nous et un affront qui ne manquerait pas de nous nuire et de nous faire terriblement descendre dans l'estime des naturels.

Perdant tout espoir de rien obtenir de ce rustre, je retournai trouver Boy dans le canot, et lui dis qu'il fallait nous mener à Bonny, où il y avait quantité de vaisseaux anglais. « Non, non, » dit-il, « si capitaine là pas payer, capitaine à Bonny pas payer non plus; je ne veux pas vous conduire plus loin. » Voyant que je ne gagnerais rien de ce côté, j'eus encore recours au capitaine, et le suppliai de faire quelque chose pour moi, lui disant que, s'il voulait seulement consentir à me donner dix fusils, Boy s'en contenterait peut-être, quand il verrait qu'il ne pouvait avoir autre chose. Sa seule réponse fut : « Je vous ai déjà dit que je ne vous donnerais pas même une pierre à fusil ; ainsi, ne m'ennuyez plus. » — « Mais j'ai laissé mon frère et huit personnes à Brass, » repris-je, « et si vous ne voulez pas absolument payer le roi Boy, persuadez-lui du moins de les amener à votre bord, sans quoi mon frère sera empoisonné, ou mort de faim, et tous mes gens vendus, avant que je puisse avoir du secours d'un vaisseau de guerre. » — « Si vous pouvez trouver moyen de les faire venir à bord, je les passerai ; mais, je vous le répète, vous n'aurez pas de moi la valeur d'une amorce. » Je m'efforçai alors de persuader à Boy de retourner chercher mon monde, l'assurant qu'à cette condition il serait payé tôt ou tard. « Oui, » dit enfin le capitaine, « dépêchez-vous de les amener. » Mais Boy insistait, assez naturellement, pour qu'on lui donnât un acompte en marchandises avant son départ, et ce ne fut pas sans peine que je l'amenai à se désister de cette juste prétention.

Le capitaine du brick s'enquit alors de ce qu'étaient mes hommes ; et, quand il apprit qu'il y avait, parmi eux, deux matelots et trois autres gaillards actifs et vigoureux, qui pourraient lui être utiles pour la manœuvre de son vaisseau, son ton et ses manières perdirent un peu de leur âpreté. Il convint même avec moi que ce renfort viendrait fort à propos pour tirer le brick de la rivière, une moitié de son équipage étant mort, et le reste fort malade. Cet aveu me rendit un peu de courage, et je lui demandai un morceau de bœuf pour l'envoyer à mon frère, et une petite quantité de rhum, qu'il m'accorda d'assez bonne grâce. Je savais que le pauvre John était, ainsi que moi, dans le plus complet dénûment de linge, mais je n'osais me risquer à présenter une pareille requête au capitaine, bien sûr d'ailleurs du peu de succès qu'elle aurait. Le cuisinier du brick, m'ayant paru brave homme, je m'adressai à lui, et il me prêta sur-le-champ trois chemises blanches. Le roi Boy était alors prêt à partir, mais fort mécontent. J'envoyai l'homme qui m'avait accompagné à bord de son canot, avec le peu de choses que j'avais pu obtenir, et une lettre pour mon frère, par laquelle je le priais de donner à Antonio un billet à ordre sur le premier capitaine anglais qu'il trouverait à Bonny, afin qu'il se fît payer ses gages; d'en remettre un aussi aux gens de Damuggou, pour qu'ils pussent recevoir le petit présent que j'avais promis au bon vieux chef qui nous avait si bien traités. A deux heures de l'après-midi, le roi Boy est parti, promettant de revenir dans trois jours avec mon frère et nos gens, mais vexé, et grommelant de n'avoir rien reçu.

Je m'efforçai alors de m'installer de mon mieux à bord du vaisseau, et pensant que le capitaine Lake pourrait changer de conduite envers moi quand il serait rétabli; je résolus d'éviter, d'ici là, toute longue conversation avec lui.

Vendredi, 19 *novembre*. — Ce matin, le capitaine semblait en beaucoup meilleure disposition, et je m'aventurai à lui demander un rechange de linge, dont j'avais le plus grand besoin. Il me l'accorda avec assez d'empressement, et ce fut pour moi un luxe et une véritable jouissance. Dans le cours de la matinée, je causai avec lui de nos voyages dans l'intérieur de l'Afrique, et lui racontai tous les détails de la capture de Kirri, et la façon dont nous avions été attaqués et pillés. Je lui expliquai comment le roi Boy nous avait sauvés de l'esclavage dans le pays d'Eboe, et combien nous lui devions de reconnaissance de ce service. J'insistai d'autant plus sur ce point, que j'espérais encore l'amener à donner à Boy ce que je lui avait promis. Lui ayant exposé de nouveau toute l'affaire, je lui parlai de la mauvaise opinion que ce roi nègre aurait de nous, et du tort que pourrait faire aux Anglais en général, et en particulier aux trafiquans sur ces côtes, notre manque de parole; tort qu'il dépendait de lui de prévenir. Je conclus en lui demandant dix fusils payables en un bon sur le gouvernement. Il avait écouté mon histoire avec attention, mais je n'eus pas plutôt articulé ma requête, qu'il réitéra ses refus, les accompagnant, comme avant, de jurons furieux; le trouvant toujours aussi inflexible, je m'abstins d'en dire plus. Il ajouta, d'un ton dur et impatient : « Si votre frère et vos hommes ne sont pas ici dans trois jours, je pars sans eux. » J'espérais qu'il n'en ferait rien, nos gens pouvant lui être utiles; et j'avais la promesse de Boy qu'ils seraient rendus dans ce délai.

Vers le milieu du jour, le pilote, qui avait fait entrer le brick dans la rivière, vint à bord, pour réclamer le paiement de ses services. Ce fut une nouvelle occasion de juger du caractère de M. Lake. L'homme eut à peine fait sa réclamation que le capitaine entra en fureur; le maudissant et l'accablant des plus dégoûtantes injures; il refusa de lui rien payer, et lui ordonna de sortir sur-le-champ du vaisseau. J'ignore lequel des deux avait tort ou raison, mais je fus choqué des expressions de l'Anglais, et de sa violence. Le pilote insista, et partit enfin, menaçant de couler le brick si le commandant essayait de quitter la rivière sans lui payer son dû. Je m'étonnais de l'entendre tenir un pareil langage, et n'y voyais point de sens, jusqu'à ce qu'on m'eût appris qu'il avait à sa disposition dans la ville, sur la rive Est, près de l'embouchure, une batterie de sept canons en cuivre, qui, si elle était bien dirigée, le mettrait bientôt à même d'effectuer sa menace. Cet endroit se nomme « la Ville des Pilotes, » parce que c'est là que demeurent tous ceux qui dirigent les vaisseaux dans leur passage sur la barre.

Samedi, 20 novembre. — Le capitaine continue à se rétablir. Ce matin, je lui ai demandé si, au sortir de la rivière, il voudrait nous conduire à Fernando Po. Il a refusé, disant que l'île avait été abandonnée, qu'il n'y restait pas un seul homme blanc, et que nous n'y aurions aucune espèce de secours; mais, si tout mon monde arrivait le matin du 23, il nous débarquerait à *Bimbia*, petite île dans la rivière Cameroun, où il allait compléter sa cargaison. Là, nous trouverions un blanc, chargé d'affaires du capitaine Smith. Je souscrivis à cet arrangement, persuadé que j'obtiendrais de ce résident tout ce dont je pourrais avoir besoin.

Mon plus grave sujet d'inquiétude était mon frère; je tremblais que le vaisseau ne mît à la voile sans lui, car il n'y avait point à compter sur le capitaine, qui se souciait fort peu de nous, et ne prenait pas le moindre intérêt au but de notre voyage. Je saisis une occasion de le supplier d'attendre encore un peu, dans le cas où mon frère et mes hommes ne seraient pas arrivés le 23, lui prouvant jusqu'à l'évidence que, s'il partait sans eux, ils seraient certainement affamés ou vendus comme esclaves, avant que je pusse revenir à leur aide. Autant eût valu adresser mes supplications au vent. « Tant pis pour eux! je n'en peux mais, et n'attendrai pas davantage, » me répondit-il, d'un ton pressé et impatient, qui me convainquit que tout raisonnement échouerait près de lui.

Dans l'après-midi, il envoya le second, avec trois hommes, sonder la barre de la rivière, et s'assurer qu'il y avait assez d'eau pour que le vaisseau pût passer sans toucher. Le pilote, qui, hier, avait été si péremptoirement éconduit, décidé à se venger, épiait tous les mouvemens qui se faisaient à bord, et observa le départ du bateau. C'était une occasion trop favorable pour la laisser échapper. Toujours l'œil au guet, il dépêcha un canot armé pour s'emparer du bateau à l'embouchure de la rivière. Le second et un des hommes furent faits prisonniers, et conduits à la ville comme ôtages; les deux autres furent renvoyés au capitaine, avec un message, portant qu'on ne rendrait les prisonniers que lorsque l'argent dû au pilote aurait été payé. Lake dut être contrarié de cet incident, mais, soit qu'il en ressentît ou non de l'ennui, il prit la chose avec la plus complète indifférence, déclarant que cela lui était fort égal, qu'il mettrait en mer sans son second et l'autre homme, et qu'il était déterminé à ne pas payer un sou de pilotage.

Dimanche, 21 *novembre*. — Rien de remarquable aujourd'hui; mes pensées sont toutes absorbées par l'absence de mon frère, et par l'anxiété avec laquelle j'attends sa venue.

Lundi, 22 *novembre*. — Mon inquiétude allant croissant, j'ai passé toute la journée sur le pont, cherchant à découvrir au loin ceux dont le sort me cause de si vives angoisses. Lake a remarqué ma souffrance, et m'a dit de ne plus me tourmenter pour mes gens; ajoutant qu'il était sûr que mon frère était mort, et qu'il ne fallait pas m'attendre à le revoir jamais. « S'il avait été en vie, » continua-t-il, « il serait déjà arrivé; demain matin je quitterai la rivière. » Ces paroles inhumaines, et la cruauté de cet homme, accrurent encore mon dégoût pour lui; et, sans faire attention à ses discours, je restai l'œil fixé dans le lointain, cherchant et attendant toujours. Il faisait nuit noire depuis longtemps que j'étais encore à la même place, écoutant si, de l'*obscurité*, je n'*entendrais pas sortir* un bruit de rames. La nuit fut longue et sans sommeil.

Mardi, 23 *novembre*. Ce matin, à mon inexprimable joie, et à la grande mortification du capitaine, une forte brise soufflait de la mer, et refoulait les eaux vers la barre, de manière à rendre tout-à-fait impossible de la passer. C'était un répit accordé par le ciel, un moment d'étouffante anxiété. Tout le jour, mes regards restèrent attachés sur le point de la rivière, par lequel je savais que mon frère devait arriver; je ne vis rien; le jour s'écoula de la sorte, et la nuit était déjà avancée que rien ne paraissait. Enfin, vers minuit, je découvris plusieurs grands canots, se dirigeant vers la rive occidentale, et dans l'un d'eux je crus distinguer mon frère. Bientôt après ils abordèrent, et je les vis, à la lueur des feux qu'ils allumèrent, camper sous des mangliers. Toutes mes appréhensions, tous mes doutes s'évanouirent sur l'heure, et je me sentis le cœur joyeux de la conviction que j'embrasserais mon frère le lendemain.

Le capitaine du brick, ayant observé ce qui se passait, s'écria, tout-à-coup : « Maintenant, nous aurons à faire le coup de feu demain; allez, vous autres, charger dix-sept mousquets, et mettez cinq chevrotines dans chaque. J'aurai soin que le canon soit chargé, jusqu'à la bouche, à mitraille et à balles; et, s'il y a une mêlée, je donnerai à ces drôles une danse qu'ils n'oublieront de long-temps. » Il m'ordonna ensuite de placer les fusils et les coutelas hors de vue, près de la poupe du vaisseau, et me dit : « Du moment que vos gens seront à bord, appelez-les à l'arrière, et mettez-les à portée des armes. Dites leur de s'armer de suite, s'il survient quelque bagarre, et de jeter tous les gens de Brass par dessus bord. » C'était sa manière de procéder; et tout annonçait qu'il n'hésiterait pas plus dans l'exécution que dans le projet.

Je me sentais honteux et profondément malheureux de me séparer ainsi des gens de Brass, mais je n'avais pas le choix; il n'y avait personne à qui je pusse demander du secours dans ma situation actuelle. Le capitaine du vaisseau avait repoussé toutes mes prières, et avait même traité avec le plus profond mépris l'assurance que je lui avais donnée qu'il serait largement récompensé par le Gouvernement anglais. Il n'y avait plus rien à espérer de ce côté. D'autre part, Boy s'était refusé à nous conduire à Bonny, alléguant pour motif que, s'il n'était pas payé ici, il ne le serait pas davantage là-bas. Retourner à la ville de Brass, c'était se vouer à une mort lente et peut-être cruelle. Il ne me restait donc, pour unique ressource, que de m'en remettre au hasard, et de me tirer de là par tous les moyens possibles, bons ou mauvais, en laissant le blâme à qui de droit.

Mercredi, 24 novembre.—Ce matin, au point du jour, j'étais sur le qui-vive, et je vis mon frère et nos gens entrer dans le canot. Mais, à peine furent-ils embarqués, qu'ils débarquèrent tout de nouveau; ce que je ne pus expliquer qu'en supposant que l'intention de Boy était de les retenir à terre, jusqu'à ce qu'il eût touché son paiement. Heureusement, cette anxiété dura peu; vers sept heures, ils se rembarquèrent et arrivèrent à bord.

Le journal de mon frère, qui suit, donne le détail des évènemens qu'il observa pendant son séjour à Brass, et le récit de ce qui lui arriva pendant notre séparation.

« *Mercredi*, 17 *novembre*. — Richard, accompagné d'un des nôtres, vient de partir, aujourd'hui même, avec le roi Boy et sa suite, laissant le reste de nos gens et moi en ôtage jusqu'à l'accomplissement des conditions auxquelles nous avons souscrit dans le pays d'Eboe. Pour mon compte, quoique fort chagrin de cet arrangement imprévu, je ne m'étonne pas des soupçons du roi nègre. Il est assez naturel qu'un sauvage se défie des promesses des Européens, quand lui-même manque continuellement à sa parole, non-seulement dans ses relations commerciales avec des étrangers, mais aussi dans ses rapports les plus intimes avec les siens. D'ailleurs, le vieux Forday est au fond de l'affaire, et il déploie toute la basse ruse et toute la chicane d'un esprit étroit et corrompu. Après mûre réflexion, je ne vois rien que de très-simple dans la démarche de Boy, et ne l'en puis précisement blâmer. Je suis résolu à attendre son retour avec le plus grand calme. Ce sera, j'espère, le signal de notre délivrance, bien qu'il me vienne parfois à l'esprit de tristes pensées sur le sort que nous aurions en perspective, si ce capitaine Lake allait, par hasard, refuser de faire honneur au mandat que nous avons tiré sur lui. Je suis aussi fort inquiet pour nos pauvres diables de compagnons, qui, depuis deux ou trois jours, ont à peine eu de quoi manger. Aujourd'hui nous sommes dans le plus complet dénuement, et sans savoir à qui nous adresser. Les gens de Damuggou sont également restés, et ont autant d'intérêt que moi-même au prompt retour de mon frère. Au lieu d'être nos guides et nos protecteurs, ces pauvres créatures ont partagé toutes nos calamités; leur petit avoir a été perdu, volé, ou dépensé en vivres; et, comme nous, ils sont en proie à la misère et à la faim. Ils attendent ici le peu que nous avons promis à eux et à leur chef; et, si Lake ne veut pas consentir à se défaire de quelque chose en notre faveur, nous leur donnerons un bon sur le premier capitaine anglais en rade à Bonny, où ils doivent se rendre, priant en grâce un de nos compatriotes de faire droit aux demandes de pauvres étrangers.

« *Jeudi*, 18 *novembre*. — Après nombre d'importunités et de sollicitations, nous avons reçu, ce matin, quatre petits ignames des femmes du roi Boy, qui nous ont fait dire qu'elles nous en enverraient tous les jours autant. Nos gens, n'ayant que cela à manger, ont fait avec ce légume une espèce de bouillon, d'un goût d'abord fort insipide, et qu'un peu de sel a rendu mangeable. Nous avons envoyé demander, dans l'après-midi, au roi Forday, quelques figues bananes; mais le vieux sauvage a secoué la tête, croisé les bras et refusé. Nos hommes se plaignent ce soir, de faim, de langueur et d'indisposition. Pour moi, ma santé se rétablit rapidement.

« *Vendredi*, 19 *novembre*. — L'homme, qui a accompagné mon frère jusqu'au brick à l'ancre dans la rivière, est revenu ce soir avec une lettre de Richard, datée de,

« La rivière Brass, 18 novembre 1830.

« Cher John, vous serez surpris d'apprendre que je ne suis arrivé ici que ce matin. Quand je suis allé à bord, le capitaine, M. Lake, m'a fait un accueil très-froid, pour ne pas dire pis. Il paraît au dernier période d'une maladie de langueur; mais, quoique dans un état alarmant, il a retrouvé de l'énergie, après que je lui ai fait connaître l'objet de ma visite, pour jurer qu'il ne me donnerait pas une pierre à fusil en échange de n'importe quel bon sur le gouvernement. Quant au roi Boy, il protesta qu'il l'enverrait au diable, plutôt que de lui donner quoi que ce fût. Vous pouvez deviner ce qu'étaient mes émotions à cette nouvelle. Je ne savais que dire ni que faire. Je voulais retourner à Brass avec le roi Boy, et lui proposai de nous conduire à Bonny, où je l'assurai que nous aurions plus de chance d'être bien reçus. Mais Boy répondit que, si Lake, qui est sur sa propre rivière, à lui Boy, refuse de le payer, il ne peut pas s'attendre à l'être en pays étranger. En conséquence, il ne veut pas m'amener ailleurs qu'ici, à bord. Dans ce dilemme, j'ai fait de vives remontrances à Lake, qui a enfin consenti à parler à Boy, et à lui promettre d'entrer en arrangement, pour le paiement de la dette, aussitôt qu'il vous aura amenés au brick, vous et les nôtres, sains et saufs. Le pauvre Boy a pris l'air sournois et déconcerté de cette proposition, tout en accordant ce que nous demandions. Mon cher frère, j'ai peu de nouvelles à vous donner d'Angleterre, parce que les manières de notre capitaine sont si inciviles et si repoussantes, que je ne me soucie pas de lui faire des questions superflues dans son irritation actuelle; j'ai seulement appris, et vous l'annonce avec douleur, que notre bon roi George est mort.

« Je vous envoie avec cette lettre un morceau de boeuf et une bouteille de rhum, que je me suis procuré à grand'peine, mais je savais combien vous aviez tous besoin de fortifians, et j'ai passé par dessus toute répugnance personnelle. Je suis fâché de ne pouvoir y joindre un habillement complet; je n'ai pu avoir que deux chemises, appartenant à un matelot, mort depuis peu. Je suppose que vous laisserez Brass demain soir, vous seriez alors près de moi samedi, et il est inutile d'ajouter que j'attends votre venue avec la plus grande impatience. Le capitaine est extrêmement quinteux et emporté; mais, comme je vous l'ai dit, il est fort mal, et il faut faire la part de l'irritation nerveuse qui tient à son état. Son lieutenant et une grande partie de son équipage sont morts de la fièvre, et les autres (à l'exception de deux) sont en proie à la même maladie, ou à peine convalescens.

« Je suis, etc.

RICHARD LANDER. »

« Rien ne peut égaler ma consternation à la lecture de cette lettre; je redoutais d'avoir une entrevue avec le roi Boy, sachant bien quelle influence cet incident devait exercer sur sa conduite et ses dispositions à notre égard. Nous avions eu soin de lui peindre l'accueil empressé, les vifs remercîmens qu'il recevrait de nos compatriotes, lors de notre arrivée à bord du brick anglais, lui promettant force cauris, et abondance de bœuf, de pain et de rhum. Sa figure rayonnait de joie à la perspective de ce régal, et il était toujours d'une humeur charmante à la suite de ces pompeuses descriptions. Le contraste qu'il y avait eu entre sa réception sur le *Thomas*, et celle que lui avaient promise son imagination et nos assurances réitérées, était quelque chose de trop terrible, même pour y penser. J'avais donc de justes raisons de craindre la visite de ce nègre. Je m'attendais à trouver toutes ses passions et tous ses ressentimens en jeu, après un aussi grand désapointement; et le poids de sa colère devait nécessairement retomber sur moi, qui étais demeuré tout-à-fait en son pouvoir.

« Le moment critique arriva enfin. Nous entendîmes le roi Boy se quereller avec ses femmes, puis marcher dans l'appartement voisin, et se diriger vers le nôtre, toujours en grommelant. Il entra, et se tint à la porte, debout et immobile. Je reposais, comme j'ai coutume de le faire à l'heure la plus chaude du jour, étendu sur une natte, qui recouvre une estrade de terre humide; mais, en l'apercevant, je relevai la tête, et la soutins avec ma main. Il me regarda fixement ; je lui rendis son regard avec la même fermeté ; mais son œil noir lançait des éclairs, et sa lèvre retournée découvrait ses dents blanches, et tremblait de rage. Il y avait, dans cette physionomie convulsive, la plus amère expression de dédain, le plus profond mépris, qui puissent se peindre sur une figure humaine. Retirant le coin gauche de sa bouche presqu'au niveau de ses yeux, il rompit le silence par un effrayant « Eh ! » A-demi suffoqué par la rage, il me *maudit* ; *et, d'un ton, d'un accent*, *que je ne* puis décrire, il me dit enfin : « Vous, voleur ! le capitaine anglais pas veut ! Vous m'aviez assuré, quand je vous ai pris dans le pays d'Eboe, qu'il serait joyeux de me voir, qu'il me donnerait autant de rhum et de bœuf que j'en pourrais boire et manger ; je n'ai reçu de lui, ni l'un, ni l'autre. Eh !.. le capitaine pas vouloir ! J'ai *donné* à Obie *quantité de marchandises* pour vous racheter de l'esclavage ; je vous ai conduit dans mon propre canot ; vous mouriez de faim, je vous ai donné des ignames et du poisson ; vous étiez presque nus, et j'étais fâché de vous voir ainsi, parce que vous étiez des blancs et des étrangers, et j'ai fait cadeau à chacun de vous d'un bonnet rouge et d'un mouchoir de soie. Mais, vous, pas *bon* ! Vous, voleur !

Et le capitaine anglais pas veut! Lui, dire à moi, pas vouloir! Vous m'aviez dit aussi que vos compatriotes feraient ceci (ôtant son bonnet, il le fit tourner au-dessus de sa tête); qu'ils crieraient houra! houra! à mon arrivée à bord du vaisseau. Vous aviez promis à ma femme un collier; à mon père, quatre barres! Mais, eh!.. le capitaine anglais pas veut! Lui, dire à moi, pas vouloir! Oui, je vous donnerai encore à manger de mes poissons et de mes ignames, quand vous aurez faim; à boire de mon rhum et du vin de palmier, quand vous aurez soif! Eh!.. vous voleur! Vous, pas bon! Capitaine anglais pas vouloir! » Il frappa la terre du pied, grinça des dents comme un chien enragé, et me maudit encore, et encore.

« Il est certain que je ne me sentais pas fort à l'aise, pendant cette terrible sortie, et cette suite d'invectives et de reproches; mais je le laissai exhaler toute sa fureur, me gardant bien de l'interrompre, ou de lui répondre un mot. Un homme colère, qui se fût trouvé à ma place, l'aurait probablement assommé, quitte à avoir ensuite la tête tranchée pour s'être donné cette satisfaction; mais, quant à moi, je n'avais pas à vaincre ce genre d'irritation, il y a long-temps que je ne l'éprouve plus. D'ailleurs, bien que sans intention de le faire, nous avions réellement trompé le roi Boy, et je me rappelais l'immense service qu'il nous avait rendu, en nous tirant d'un état d'abjection et d'esclavage. Presque tout ce qu'il alléguait contre nous était exact; je sentais que, sous une foule de rapports, son courroux était justifié.

« La fureur de Boy s'étant un peu calmée par mon silence ainsi que par la violence de son agitation, je me hasardai à l'assurer avec douceur, sur la foi de la lettre de mon frère, que ses soupçons étaient tout à fait mal fondés, que M. Lake avait certainement le *vouloir* et l'envie d'entrer en arrangement avec lui, pour le paiement de ses justes demandes, ajoutant que je ne doutais pas que tout ne se réglât à sa complète satisfaction, dès qu'il nous aurait conduits à bord du brick. Il se méfiait de mes paroles, mais y crut à-demi, et quitta bientôt après l'appartement, menaçant de ne me laisser quitter Brass, qu'à son bon plaisir et à sa convenance.

« Il est dûr et humiliant d'en être réduit à mentir, et à recourir aux plus méprisables subterfuges, pour obtenir ce qui devrait tout nanaturellement être affaire de droiture et d'intégrité. Mais la conduite de Lake ne nous laisse pas le choix. Il faut que cet homme soit dépourvu de tous les sentimens d'honneur qui caractérisent un marin anglais, et de toute espèce de générosité, pour se rendre coupable, presque à son lit de mort, d'une action qui peut avoir les suites les plus funestes, et qui compromet, dans une terre étrangère, au milieu de peuplades sauvages, des Anglais, ses compatriotes, les exposant, de gaîté de cœur, aux horreurs du besoin, aux souffrances de l'esclavage, à la moquerie, aux mauvais traitemens, et même à la mort.

« *Samedi*, 20 *novembre*.—Le roi Boy ne nous a pas visités d'aujourd'hui, quoique nous ayons reçu de ses femmes notre pitance accoutumée de quatre ignames. Addizetta en a ajouté six ce matin, comme cadeau, en reconnaissance du bien que lui a fait, une dose de laudanum que je lui ai fait prendre hier soir, pour la soulager d'une douleur dans les régions inférieures de l'estomac, à laquelle elle nous dit être fort sujette. Nos hommes sont, ce soir, un peu ranimés de corps et d'esprit, grâce à ce renfort de vivres.

« *Dimanche*, 21 *novembre*.—J'ai congédié aujourd'hui les pauvrès gens de Damuggou, avec un bon sur le capitaine d'un des vaisseaux anglais qui se peuvent trouver dans la rivière Bonny; lequel bon est une prière de remettre aux porteurs trois barils de poudre et quelques fusils, sur l'assurance d'en être payés par le gouvernement britannique. Ils ont quitté Brass dans leur propre canot, tout-à-fait abattus et découragés. Antonio, le jeune homme qui nous a toujours accompagnés, et que nous avions pris à bord du brick le *Clinker*, à Badagry, est reparti avec eux pour son pays natal, où il retourne après une absence de deux à trois ans. C'est le frère du souverain actuel de Bonny, et le fils du feu roi.

« *Lundi*, 22 *novembre*.—Un ou deux malins petits garçons, qui sont esclaves du roi Boy, nous ont apporté aujourd'hui, en don, quelques figues bananes. Ils avaient dérobé des feuilles de tabac dans un appartement voisin du nôtre; nos hommes avaient été témoins du larcin, et les rusés drôles, craignant les suites d'une délation, avaient imaginé ce moyen de les gagner. Les femmes de Boy, en l'absence passagère de leur seigneur et maître, ne se sont pas non plus fait scrupule de voler dans ses magasins une grande quantité de rhum, qu'elles distribuent à leurs amis et connaissances. Elles ont eu recours au même expédient que les petits garçons, pour s'assurer de notre discrétion. Une d'elles, qui fait l'office de duègne, est la confidente de Boy et sa favorite. En signe de son autorité, elle porte un trousseau de clés pendu à son col. Elle a aussi la garde de tous les effets de son maître; et, comme distinction, elle jouit du privilège de se servir d'une canne à pomme, qui ne la quitte jamais. Cette femme, d'un excellent naturel, régale nos gens d'un verre ou deux de rhum par jour.

«Hier soir, le roi Boy, complètement nu, et le corps barbouillé d'une façon hideuse, courait par la ville, comme un maniaque, une lance à la main, appelant de toutes ses forces Dju-Dju, et poussant, à chaque angle de rue, un cri sauvage et frénétique. Il paraît qu'une des femmes de son père est fortement soupçonnée d'entretenir un commerce adultère avec un homme libre qui habite la ville, et, conformément à un ancien usage, on prend cet étrange moyen pour informer publiquement les habitans de la circonstance, et pour implorer l'aide et les conseils du dieu, lors de l'examen des coupables. Ce matin, le séducteur a été trouvé mort, ayant, à ce qu'on croit, avalé du poison, afin d'éviter un supplice plus cruel; et, comme le prêtre a déclaré qu'il croyait à la culpabilité de la femme, elle a été sur-le-champ condamnée à être noyée. En conséquence, cette après-midi, la pauvre créature a été transportée, pieds et poings liés, dans un canot, au milieu de la rivière, où on l'a jetée sans hésitation aucune, après lui avoir attaché un poids aux pieds pour qu'elle enfonçât plus vite. Elle a subi son sort avec une incroyable fermeté. La foule superstitieuse croit que, si elle eût été innocente du crime dont on l'accuse, son dieu lui eût sauvé la vie, même après qu'elle eût été jetée à l'eau : mais, puisqu'elle a péri, son crime est avéré. Il n'est permis à la mère de la *défunte* de montrer aucune douleur ni aucun signe de tristesse de la mort prématurée de sa fille ; si elle le faisait, le même châtiment lui serait infligé : « car, » disent les naturels de Brass, « si une mère pleure le sort d'un enfant coupable d'un crime aussi infâme, nous n'hésitons pas à prononcer qu'elle est aussi criminelle que sa fille, et qu'elle a toléré ses vices. Mais si, au contraire, elle ne trahit point de tendresse maternelle, et ne gémit pas sur son isolement, nous en concluons qu'elle ignorait la faute ; elle donne ainsi une approbation tacite à la justice de la sentence, et se réjouit d'être débarrassée de qui ne lui eût apporté que honte et déshonneur. »

« Mes compagnons se lassent de jour en jour davantage de leur position, et s'impatientent d'en sortir. Leur amie, la duègne, les a régalés hier soir d'une grande quantité de rhum; et, leurs griefs leur apparaissant alors sous un jour plus odieux, ils ont eu le courage d'aller en corps relancer le roi Boy dans son antre, et lui demander une explication sur ce qu'il compte faire de nous. Ils lui ont dit avec indignation qu'il eût à les transporter à bord du brick anglais, ou à les vendre comme esclaves aux Espagnols; alléguant qu'ils aimaient mieux perdre la liberté que mourir ici de faim. Ainsi pressé, Boy leur a fait une réponse équivoque, mais les a traités beaucoup moins rudement que je ne le craignais. J'allai ensuite le trouver moi-même, pour tâcher d'en obtenir une solution, mais il me fut difficile de trouver le moment de lui parler. C'est aujourd'hui une espèce de fête, et souverains et sujets tous sont ivres. Autant que je le puis comprendre, la première partie du jour a été consacrée à des solennités religieuses, à la suite desquelles le roi Forday a publiquement abdiqué en faveur de Boy, qui est son fils aîné.

Je découvris enfin ces grands personnages, dans une cour de l'habitation royale, entourés d'un grand nombre d'individus, ayant à leurs pieds des bouteilles, des verres, des carafes;

ils étaient tous dans un état d'ivresse plus ou moins complète; leurs figures et leurs corps étaient couverts de caractères grossiers tracés à la craie. Forday seul était assis dans une chaise, Boy, à ses côtés, et les autres, parmi lesquels je reconnus notre ami Gun et un tambour, rangés à l'entour sur des blocs de bois, et sur le tronc d'un arbre tombé. Le président, ou du moins celui qui occupait l'unique siége de l'assemblée, prononça un long discours, mais il était trop ivre, et peut-être aussi *trop plein de jours*, pour parler avec grâce ou avec puissance. Son éloquence ne semblait pas très-persuasive, et ses auditeurs, à-demi endormis, l'écoutaient avec assez peu d'attention. Cependant, ils souriaient de temps en temps, et même parfois riaient; il me fut impossible de découvrir pourquoi; je doute qu'eux-mêmes eussent pu le dire. Le vieux chef portait un chapeau anglais de castor superfin, et une vieille veste d'uniforme, qui avait jadis appartenu à quelque volontaire; mais ce dernier ajustement était si petit, qu'il ne pouvait passer qu'un bras dans une des manches, le reste de la veste étant jeté négligemment sur l'épaule gauche; un mouchoir de coton, noué autour de la taille, complétait son costume. L'objet le plus apparent dans la cour, était une immense ombrelle fichée en terre, faite d'une étoffe de coton à ramages, de différens dessins, avec une haute frange en laine de couleur. Ce dais pompeux, qui ne sert que dans les occasions publiques et solennelles, est déchiré, et d'une saleté dégoûtante, étant depuis plusieurs années entre les mains de Forday. Je restai confondu parmi les spectateurs, jusqu'à ce que l'orateur eût fini sa harangue; alors, comme on allait se séparer, je m'approchai du roi Boy, et le suppliai de hâter notre départ pour le vaisseau. Il était en excellente disposition; excité, égayé par la liqueur, il a promis de nous emmener demain.

« *Mardi*, 23 *novembre*. — Il ne fallut pas grand temps pour prendre congé du peu d'amis que nous avions à Brass, et nous quittâmes cette ville, non-seulement sans regret, mais avec des émotions de plaisir toutes particulières; le roi Boy, trois de ses femmes et sa suite, occupaient un grand canot, et moi et mes gens, une seconde embarcation plus petite. Addizetta aurait volontiers accompagné son mari à bord du vaisseau anglais, tant était vif son désir de voir cette merveille; mais le vieux Forday le lui a défendu, et s'y est montré fort opposé; peut-être craignait-il qu'à son retour chez son père, dans le pays d'Eboe, elle ne donnât à ses amis une opinion trop haute et trop favorable de tout ce qu'elle avait vu, et qu'il n'en résultât plus tard des allées et venues préjudiciables à ses intérêts.

« Nous nous arrêtâmes un moment à un petit village de pêcheurs, peu éloigné de Brass, pour y prendre un peu de poisson, et quantité de noix de cocos fraîches, et dont le lait était doux et rafraîchissant. Poursuivant notre marche sur des criques et de petits cours d'eau qui serpentaient à travers d'épais bois de mangliers et de ronces, nous entrâmes dans le principal bras de la rivière, à temps pour voir le soleil se coucher, juste en face de nous, dans un ciel radieux.

« Nous étions évidemment très-près de la mer; l'eau était tout-à-fait salée, et nous respirions de toute l'élasticité de nos poumons, la brise fraîche et vivifiante qui venait de l'Océan. C'était une sensation ravissante et d'un indicible bonheur. Cependant le vent devint bientôt trop fort et trop orageux pour notre frêle canot; les vagues, passant par-dessus bord, y pénétraient, et nous fûmes plusieurs fois en danger de sombrer. Nos compagnons étaient en avant et hors de vue, de sorte que, pour le moment, il n'y avait pas possibilité de recevoir de l'aide, ou d'alléger notre barque. Heureusement qu'à la disparution totale du soleil, le vent perdit beaucoup de sa violence, et nous pûmes continuer sans crainte.

« Vers neuf heures du soir, nous rejoignîmes le grand canot, et les deux équipages ayant fait ensemble un léger repas de poisson et de bananes, nous passâmes, de compagnie, la *seconde rivière de Brass*, qui était à notre gauche. Elle pouvait avoir là, un peu plus d'un demi-mille de large ; et quoique assez agitée pour mettre un canot en péril, nous atteignîmes la rive opposée, mais en usant de grandes précautions. De là, nous apercevions dans le lointain, cette mer, objet de nos voeux, les rayons de la lune reposant à sa surface dans leur tranquille et lumineuse beauté ; nous entendions les vagues se briser et mugir sur la barre de sable qui s'étend à l'embouchure de la rivière. La voix solennelle de l'Océan n'avait jamais résonné plus mélodieusement à mon oreille. Oh ! c'était enchanteur, une musique toute céleste !

« Filant le long de la rive gauche, nous entrâmes dans la *première rivière de Brass*, qui est la *Nun* des Européens. Bien qu'il fût minuit, nous pouvions faiblement distinguer les mâts et les cordages du brick anglais, qui apparaissait comme un nuage noir et effrangé au-dessus de l'horizon. C'était, pour moi, le plus ravissant spectacle, les portes mêmes du paradis, et mon cœur palpitait d'un inexprimable bonheur, quand nous débarquâmes en silence sur la rive opposée au brick, près de quelques huttes éparses, pour y attendre impatiemment les premières lueurs du jour.

« *Mercredi*, 24 *novembre*. — Ce fut une heureuse matinée, que celle qui me rendit mon frère et la société de mes compatriotes. Les pernicieux effets du climat sont fortement empreints sur les figures de ces derniers, qui, au lieu d'avoir le teint vif et animé, sont hâves, défaits, d'une apparence maladive et abattue trop pénible à voir. Cependant l'équipage du *schooner* espagnol, est encore plus maltraité : les matelots se traînent sur le pont comme des êtres maudits ; on croirait voir des ombres, des fantômes, cherchant un endroit pour y mourir. C'est un spectacle cruel et mortifiant pour l'orgueil humain, que cette débilité de notre pauvre nature. Il est étonnant que les Européens, en général, et les Anglais, en particulier, persistent à envoyer leurs semblables à cet *Aceldama* ou *Golgotha*, comme on appelle avec raison cette côte d'Afrique. Mieux les vaudrait enterrer de suite dans la patrie, où il est encore doux de mourir; mais l'intérêt et la soif de l'or étouffent toute autre considération. »

Mon frère m'avait enfin rejoint, et pendant que la barque venait du rivage vers nous, j'avais gardé mon poste près du canon; c'était le seul qui fût à bord, mais il avait été chargé comme le capitaine en avait donné l'ordre, et pointé vers le passe-avant, par où les gens de Brass devaient arriver. Les fusils étaient prêts et cachés dans l'endroit que Lake avait désigné la veille, et il me répéta de nouveau ses instructions, sur la part que mes gens devaient prendre à l'affaire. Il reçut mon frère avec assez de politesse, mais exprima hautement sa détermination de congédier Boy sans lui rien donner, et de manœuvrer de son mieux pour sortir de suite de la rivière. Bientôt après, un canot aborda à la plage, ayant à bord, comme prisonnier, M. Spittle, le lieutenant du brick, qui envoya sur-le-champ un billet au capitaine, l'informant que le prix de sa liberté était l'argent dû au pilote pour avoir guidé le vaisseau au passage de la barre. Il ajoutait qu'il était étroitement gardé, mais qu'en dépit de tout il ne désespérait pas de s'échapper, si Lake pouvait l'attendre un peu. Le vaisseau était entré dans la rivière il y avait trois mois, et Lake n'avait jamais voulu payer le prix du pilotage. Maintenant tout ce qu'il fit fut d'envoyer à M. Spittle un peu de pain et de bœuf. La somme demandée se montait à environ cinquante louis en marchandise, et il était évident que le capitaine n'en paierait jamais un sou.

Pendant ce temps, le roi Boy, plein de sombres pressentimens, errait sur le pont. Il avait assez de prévoyance pour soupçonner ce qui allait se passer, et il paraissait troublé, inquiet, et comme égaré. Le pauvre diable était un tout autre homme; sa hauteur habituelle l'avait abandonné, et avait fait place à des manières humbles et rampantes. On lui servit un plat de viande, dont il mangea modérément; il était clair qu'il pensait plus à son salaire, qu'à satisfaire son appétit. Il but avec la même insouciance, et sans paraître y prendre goût, une quantité de rhum qu'on lui donna.

Sachant comment les choses pourraient se terminer, nous essayâmes de rendre à Boy un peu de bonne humeur, en lui disant que certainement il aurait un jour ou l'autre tout ce que nous lui avions promis; mais nos exhortations ne produisirent sur lui aucun effet. Ce fut une tentative inutile; le présent l'absorbait tout entier. Nous le plaignons du fond de l'âme; malheureux de penser que nos promesses ne pouvaient être remplies. Avec quelle joie n'eussions-nous pas fait un sacrifice personnel pour dégager notre parole ; car, quoique nous eussions failli mourir de faim entre les mains du roi nègre, cependant nous lui savions un gré infini de nous avoir tirés d'Eboe, et conduits jusqu'au brick. Je fouillai partout dans nos malles, tournant et retournant le peu qui nous restait depuis notre désastre de Kirri, et, à mon agréable surprise, je trouvai cinq bracelets d'argent, enveloppés dans un morceau de flanelle. Je ne me savais pas si riche, et m'empressai de les offrir à Boy, avec un sabre de fabrique indigène, que nous avions apporté du Yarriba, comme une très-grande curiosité, et que nous nous faisions fête de montrer en Angleterre. Boy accepta ces cadeaux, et mon frère y joignit sa montre, à laquelle il tenait beaucoup, parce qu'elle lui venait d'un de ses plus anciens et meilleurs amis; mais le noir, ne connaissant pas la valeur de cet objet, le refusa avec dédain. Il appela même un de ses gens pour lui montrer ce que nous voulions lui imposer à la place de ses *barres ;* tous deux se détournèrent, avec un gémissement significatif, et une expression d'indignation et de dédain, ne daignant plus ni nous parler, ni nous regarder. Notre mortification était complète, mais nous ne pouvions mieux faire, et la faute n'en était pas à nous.

Boy se hasarda enfin à approcher du capitaine sur le gaillard d'arrière, et lui demanda, avec une physionomie inquiète et suppliante, les marchandises qui lui avaient été promises. Préparé au tour infâme qu'il méditait, Lake avait intérêt à gagner le plus de temps possible, afin que le vaisseau fût en marche lorsqu'il en viendrait à une rupture ouverte. Il feignit donc d'être très-occupé à écrire, et pria Boy d'attendre un moment. Impatient, et fatigué d'un si long délai, Boy répéta sa demande une seconde fois puis une troisième : « Donnez-moi mes barres. » — « JE NE VEUX PAS ! » dit enfin Lake, d'une voix de tonnerre, qu'on ne s'attendait pas à entendre sortir de ce corps débile. « Je ne veux pas, vous dis-je ; je ne vous donnerai pas un liard. Rendez-moi mon lieutenant, vous, misérable drôle ! fripon de noir ! ou, dans un jour ou deux, j'amène ici mille vaisseaux de guerre. Ils viendront brûler vos villes, et vous tuer jusqu'au dernier. Rendez-moi moi mon lieutenant ! » Épouvanté de cet accueil, des jurons et des menaces qui l'accompagnaient, le pauvre Boy battit bien vite en retraite ; et, voyant les hommes monter au mât pour détacher les voiles, saisi d'une terreur panique d'être amené en mer, il disparut tout-à-coup de dessus le pont, et nous le vîmes bientôt regagner la terre, dans son canot, avec le reste de ses gens. Ce fut là notre dernière entrevue. Quelques momens après le départ de Boy, le lieutenant, M. Spittle, fut renvoyé à bord, tant les gens de Brass avaient peur que Lake ne revînt avec un vaisseau de guerre, et ne mît ses menaces à exécution.

A dix heures du matin, le brick était en marche, et nous descendions la rivière. A midi, la brise tomba, et nous fûmes obligés de jeter l'ancre, pour empêcher le navire de dériver sur les brisans de l'Ouest, à l'embouchure : quelques minutes de plus nous eussent été fatales. Le vaisseau fut heureusement arrêté, quoique la profondeur des eaux où il était ne fût que de cinq brasses. Les houles, qui arrivaient dans la rivière, par dessus la barre, étaient si hautes, qu'elles passaient quelquefois sur l'avant et rendaient difficile de tenir l'ancrage. Nous avions été forcés de mouiller juste par le travers de la Ville des Pilotes, et nous nous attendions de moment en moment à recevoir le feu de leur batterie. Il était pour nous de la plus haute importance de mettre le temps à profit. Boy était notre ennemi, et nous pensions qu'avant notre sortie de la rivière, il pourrait rassembler les siens et nous attaquer, tandis que nous n'étions que vingt en tout, dont deux Africains.

Le pilote, que Lake a si grièvement offensé, est connû aussi pour un mauvais garnement, astucieux et traître. C'est lui qui a conduit le brick *la Suzanne* au milieu des brisans, où ce vaisseau fut tout près de périr, et perdit son cabestan, une ancre et un câble. Le misérable avait agi de la sorte uniquement dans l'espoir d'avoir une partie des débris du naufrage, que la mer jeterait à la côte. Un autre vaisseau, venant de Liverpool, pour charger des huiles, se brisa à la barre par la perfidie du même individu, qui, ayant atteint son but en le plaçant dans une situation des plus périlleuses, et d'où il ne pouvait échapper, sauta par dessus bord, et regagna à la nage son canot, qui était à peu de distance. Les souffrances qu'endurèrent les malheureux échappés au naufrage, sont hideuses à raconter. Ils furent dépouillés de leurs habits, laissés nus, et moururent de faim. On ne finirait pas, si l'on citait tous les méfaits dont cet homme est accusé, toutes les mauvaises actions dont il s'est rendu coupable, et que la renommée à dû nécessairement grossir. Mais, même en faisant la part de l'exagération, son caractère se montre encore sous un jour odieux ; et le fait d'avoir fait périr exprès des vaisseaux, au passage de la barre, prouve que c'est un scélérat consommé. On le dit plus artificieux et plus intelligent qu'aucun de ses compatriotes, et c'est le plus beau nègre que nous ayons vu.

Peu après avoir jeté l'ancre, nous observâmes, à l'aide d'une lunette, le pilote qui marchait sur la plage, et nous surveillait de loin. Une multitude d'hommes, demi-nus, et d'apparence suspecte, étaient épars sur la rive, tandis qu'on en voyait d'autres sortir d'un bois de cocotiers, et d'épais buissons. Tous étaient armés, principalement de fusils ; ils se réunirent par groupes détachés, au nombre de plusieurs centaines, et semblèrent se consulter pour attaquer le vaisseau. Nous nous attendions à cette hostilité, et au feu des batteries ; et il n'y a nul doute que la force et l'aspect imposant du brick les empêchèrent seuls d'en venir là. La même foule continua d'errer sur le rivage jusqu'à une heure fort avancée. Enfin, ils se dispersèrent. Cependant, même à minuit, nous en distinguâmes encore plusieurs, et fûmes obligés de faire bonne garde jusqu'au matin.

Jeudi, 25 *novembre*. — Le vaisseau roula et fatigua sur son ancre toute la nuit, à cause des longues et lourdes lames qui venaient de la barre, et que les marins nomment *lames de terre*, parce qu'elles diffèrent des vagues qui s'élèvent quand le vent est haut; ces dernières se brisent généralement à leur cime, tandis que les autres sont tout-à-fait unies, et roulent avec une grande impétuosité, se succédant sans relâche, et formant entr'elles un sillon profond, qui, joint à la force de la vague, est fort dangereux pour les vaisseaux à l'ancre. Les naturels épiaient toujours nos mouvemens avec la plus grande attention. Vers onze heures, nous recommençâmes à marcher, mais il nous fallut mouiller de nouveau dans l'après-midi, l'eau n'étant pas assez profonde pour que le navire pût passer la barre. Le lieutenant jeta de nouveau la sonde, et plaça une bouée pour indiquer l'endroit où il y avait le plus d'eau.

Vendredi, 26 *novembre*. — Le vent nous favorisant ce matin, nous fîmes une autre tentative pour sortir de la rivière. Nous avions déjà fait quelque progrès, quand la brise mollit de nouveau, et le courant nous poussant rapidement sur les brisans de l'Est, nous fûmes obligés de jeter une ancre pour nous sauver d'un péril imminent. Nous ne pûmes voir la bouée, qui avait sans doute été emportée par le courant; notre mouillage était de trois barres et demie d'eau; et la houle, qui s'établit alors, souleva le vaisseau, le poussant de haut en bas d'une manière si effroyable, que de moment en moment, nous nous attendions à voir nos câbles se briser. Aussitôt que nous eûmes jeté l'ancre, la marée courut le long des flancs du brick, avec une vîtesse de huit milles à l'heure. Quand la mer fut tout-à-fait haute, les houles s'abattirent peu-à-peu, et le vaisseau put marcher.

Le lieutenant retourna sonder la barre, et, au bout de trois heures, il revint dire qu'il ne trouvait à l'endroit le plus profond que deux brasses trois quarts d'eau. La barre traverse l'embouchure de la rivière en forme de croissant, laissant, au milieu, un passage, fort étroit et sans profondeur, habituellement caché par le ressac et l'écume des brisans. Quand le vent est léger, la marée haute, et la surface de l'eau unie, excepté sur quelques points, la barre est extrêmement dangereuse. Nous vîmes les naturels allumer sur la plage plusieurs feux, que nous supposâmes être des appels et des invitations à revenir.

Samedi, 27 *novembre*. — La nuit fut des plus agitées et des plus inquiétantes. Le capitaine et l'équipage craignaient beaucoup pour la sûreté du brick. Les fortes houles avaient recommencé, accrues encore par la violence de la marée montante, qui faisait balotter le vaisseau et le fatiguait au point qu'on fut obligé de mettre un homme en sentinelle pour veiller au câble, et avertir du moment où il l'entendrait *plaindre*, expression technique pour exprimer l'espèce de gémissement de la corde avant de se briser. Le jour pointait à peine lorsque le linguet du cabestan cassa. C'est le crampon qui empêche le cabestan de tourner sur son axe, quel que soit le degré de tension qu'on lui fasse éprouver. Aussi, à peine cette force de résistance vint-elle à manquer, que la roue tourna avec une incroyable vélocité, n'ayant plus rien qui résistât au tirage du câble. Le câble-chaîne se déroula si vite, qu'en une demi-minute le cabestan fut en pièces. Mon frère, moi et nos gens, aidâmes de tout notre pouvoir la manœuvre, pour empêcher le vaisseau de dériver. Nous réussîmes à amarrer le câble aux chevilles-à-boucles du pont, gardant assez de la chaîne pour la tourner autour du cabestan, ce qui ne fut pas plus tôt fait, que les chevilles cédèrent, arrachées aussi du pont par la force du tirage.

Vers huit heures, une lame terrible, de celles que les marins nomment un *coup de mer*, frappa le vaisseau avec une incroyable force, et rompit le câble-chaîne. « Le câble est cassé! » dit une voix, et, le moment d'après, le capitaine cria, d'un ton calme et ferme : « Jetez l'ancre de touée! » On obéit sur-le-champ, et le navire, arrêté à temps, ne dériva pas sur les écueils. L'homme qui veillait au câble vint, en courant de l'arrière sur le pont, aussitôt qu'il eut averti du danger, criant que tout était fini. « Bon Dieu! » fut l'exclamation générale, et il s'ensuivit un peu de trouble. Mais le capitaine, s'attendant à ce qu'il y avait de pis, donna ses ordres avec fermeté, et déploya beaucoup de présence d'esprit et de décision.

Nous marchions sur la petite ancre de touée, la seule qui nous restât, et de laquelle dépendait maintenant tout notre salut. Les brisans étaient immédiatement ous notre poupe, et nous n'espérions pas que l'ancre pût tenir dix minutes; c'était une dernière et bien faible ressource. Tous les yeux étaient fixés sur le bouillonnement des vagues, autour des écueils; tous les cœurs palpitaient d'effroi, croyant voir, à chaque instant, le vaisseau fracassé sur les pointes de roches. Quelques minutes longues et solennelles s'écoulèrent ainsi, et nous ont laissé dans l'âme une impression ineffaçable. Jamais je n'oublierai la voix du premier lieutenant, lorsqu'il me dit : « A présent, monsieur, chacun pour soi! Encore quelques minutes, et ce sera fait de nous! » La mer, grosse et violemment agitée, nous envoyait du large d'énormes vagues, couvrant d'écume les flancs du brick, qui n'avait à opposer à leur impétuosité que la faible résistance d'une petite ancre et de son câble. Les naturels, desquels nous ne pouvions attendre aucun secours, affluaient sur le rivage, faisant de grands feux et autres signaux, pour nous engager à abandonner le brick et à débarquer à certains endroits, comptant, sans doute, voir le bâtiment se fendre sur les écueils, et désirant que ceux qui échapperaient au naufrage tombassent entre leurs mains. La mer eût été plus miséricordieuse.

Tels étaient nos dangers, lorsqu'il s'éleva tout-à-coup une brise de mer qui nous sauva d'une mort en apparence inévitable; les voiles furent déployées pour soulager l'ancre du poids du vaisseau, qui soutint le reflux sans dériver. A dix heures, la mer était à peu près retirée, et sa fureur se calmait, mais il était tout-à-fait impossible que le brick pût supporter le choc d'une autre marée à l'endroit où il était, n'ayant pour point d'appui que l'ancre de touée. La seule chance qui nous restât était donc de gagner la mer, et le capitaine se décida à tenter le passage de la barre, malgré le peu d'espoir de succès. A dix heures et demie, il fit descendre deux de nos hommes dans le bateau, et deux Kroumans appartenant au brick, et les envoya en avant pour nous remorquer, tandis qu'on lèverait l'ancre. Cette dernière opération ne fut pas plus tôt faite, que le vent faiblit et au lieu de dériver sur les écueils, à l'Ouest, comme hier et le jour d'avant, le brick fut poussé vers ceux de la rive Est; nous échappâmes encore par miracle. A l'aide du bateau et d'habiles manœuvres, nous passâmes enfin la barre, entre les brisans, dans une profondeur de deux brasses trois quarts, et fîmes voile à l'Est. Nos peines étaient enfin finies; une providence miséricordieuse nous avait sauvés de dangers dont la pensée nous glaçait d'horreur; et, le cœur plein de reconnaissance et de joie de tant de grâces signalées, nous lui offrîmes tout bas nos actions de grâces.

La barre s'étend à environ quatre ou cinq milles de l'embouchure de la rivière, dans une direction Sud, mais n'a pas du tout été explorée. Ce point-ci est, de tous ceux de la côte, celui où de petits navires peuvent plus facilement charger de l'huile, le pays d'Eboe, dont l'huile de palmier est réputée supérieure à toutes celles qu'on apporte de l'intérieur du pays, et qui en a toujours abondamment, n'étant qu'à une petite distance. La rivière n'est pas très-fréquentée, sans doute parce qu'elle est peu connue, et que le passage de la barre est difficile. On ne cite comme y étant entrés, que cinq vaisseaux anglais, dont deux ont péri, et un troisième a touché; mais le bâtiment, étant neuf et solide, a résisté au choc, et regagné l'eau profonde. Je conseillerai à tout capitaine de navire marchand qui remontera la rivière, pour y prendre de l'huile de palmier, de se munir de deux bons et forts bateaux à six rameurs pour le remorquer, et d'un double renfort de Kroumans. La dépense de dix ou douze de ces hommes est peu de chose, d'autant mieux qu'ils se contentent, pour toute nourriture, de quelques ignames et d'un peu d'huile, et qu'ils sont toujours prêts à exécuter les travaux les plus pénibles. Si les maîtres de navire, en arrivant à la rivière, avaient la précaution d'envoyer en avant un bateau pour sonder, et d'en avoir deux forts de remorque, je crois qu'il n'y aurait point de danger d'échouer sur la barre, comme cela est arrivé à quelques-uns, faute d'avoir assez de monde à bord. Souvent le vaisseau se met en marche par une belle brise, lorsqu'il arrive à l'endroit le plus dangereux, le vent mollit, et, s'il n'a pas de bateaux prêts à le remorquer, rien ne peut le sauver.

On recommande ordinairement aux bâtimens qui sortent de la rivière de se tenir aussi près que possible des brisans à l'Ouest; mais je crois cette marche très-dangereuse, à moins qu'il n'y ait assez de vent pour pouvoir louvoyer. Un vaisseau en quittant son mouillage dans la rivière doit s'attendre à être poussé par le courant sur les brisans de l'Ouest, et à être rejeté, à mi-chemin de la barre, sur ceux de l'Est, comme nous l'avons été. Les mois de décembre et de janvier sont, je crois, l'époque la plus sûre, les pluies étant finies dans l'intérieur, et le surplus d'eau que la rivière reçoit dans l'étendue de pays qu'elle parcourt, étant en grande partie écoulé. Quand il n'y a point de vaisseau anglais au mouillage, les gens de Bonny viennent à Brass acheter de l'huile de palmier, probablement pour le chargement des navires dans leur rivière, ainsi que pour leur propre usage.

Dimanche, 28 *novembre*. — Ce matin, nous

avons découvert un vaisseau étranger à tribord, qui de suite nous a donné la chasse. Après avoir tiré un coup de canon pour nous faire arrêter, ou nous forcer d'amener, selon l'expression des marins, il envoya un bateau à notre bord, et nous apprîmes que c'était le *Black Joke*, l'aviso du vaisseau du commodore anglais. Nous nous fîmes connaître au lieutenant qui le commandait, dans l'espoir qu'il nous prendrait à son bord, et nous débarquerait à Accra, d'où je pensais qu'il serait facile de nous rendre, sur un des vaisseaux de sa majesté, dans l'île de l'Ascension, ou à Ste-Hélène; une fois à l'un de ces deux endroits, nous n'eussions pas manqué d'occasions pour retourner, sans retard, en Angleterre. Mais le commandant avait ordre de courir des bordées le long de la côte, jusqu'au Congo, et il nous conseilla d'aller à Fernando-Po, où nous trouverions toute espèce de secours, et un vaisseau prêt à mettre à la voile pour la Grande-Bretagne. Ayant su par nous qu'il y avait un négrier espagnol dans la rivière Nun, qui se disposait à en sortir, il changea de direction, et fit route de ce côté afin de s'en emparer. Le capitaine Lake convint de nous envoyer à terre dans son canot, lorsqu'il passerait en vue de Fernando-Po, en se rendant à la rivière Cameroun : et nous nous dirigeâmes de nouveau à l'Est.

Mercredi, 1er *décembre*.— Ces deux jours ont été employés à la traversée de Fernando-Po, et, ce matin, à notre grande satisfaction, nous avons aperçu l'île. Nous étions heureux de quitter le brick, car, malgré les services que nos hommes avaient rendu à l'heure du péril, et bien qu'ils n'eussent épargné ni peine ni efforts pour aider le vaisseau à sortir de la rivière, faisant avec zèle tout ce qu'on leur commandait, l'impitoyable capitaine employa tous les moyens en son pouvoir pour nous tourmenter, et nous mettre mal à l'aise tant que nous fûmes avec lui. La nuit, lorsque nos gens dormaient, il leur faisait jeter, par ses matelots, des seaux d'eau sur le corps, par pur amusement. Il y a plusieurs capitaines, aussi méchans que lui sur la côte, et qui semblent rivaliser entre eux à qui fera le plus de noirceurs et de cruautés. Le commandant du brick l'*Elisabeth*, qui est maintenant dans la rivière de Calabar pour un chargement d'huile de palmier, a fait blanchir, à la chaux, de la tête aux pieds, tous les hommes de son équipage, tandis que ceux-ci, malades de la fièvre, étaient hors d'état de se défendre : son cuisinier, par suite de cette infamie, a perdu tout-à-fait l'usage d'un œil, et y voit à peine de l'autre.

Dans l'après-midi, nous débarquâmes heureusement à Clarence-Cove, dans l'île de Fernando-Po, où nous fûmes parfaitement accueillis par le surintendant en fonctions, M. Becroft. Ce digne homme nous approvisionna de linge, et de tout ce dont nous avions besoin, faisant tout ce qui dépendait de lui pour nous rendre un peu de bien-être. Nous garderons une reconnaissance éternelle de ses bontés, et de celles du docteur Crichton.

Accoutumés que nous étions, depuis un mois, à la monotone uniformité d'un pays bas et plat, à des rives couvertes de mangliers, se recourbant sur l'eau, et dans plusieurs endroits, paraissant croître dans la rivière même, à cause de sa hauteur extraordinaire, c'était un spectacle sublime et nouveau que le sommet de Fernando-Po, et, sur le continent, les montagnes encore plus hautes des Caméroun se dessinant à l'horizon. La plus élevée de ces dernières a environ treize mille pieds de hauteur, et forme un des traits caractéristiques de cette partie de la côte. Le sol qui l'avoisine est bas et plat, ce qui rend l'aspect de la montagne encore plus imposant. Dominant majestueusement tout le pays dans sa solitaire grandeur, elle sépare les embouchures des larges rivières du Calabar et del Rey, à l'Ouest, de celle du fleuve Cameroun, également important, à l'Est. L'île de Fernando-Po se détache de la côte d'environ vingt milles, et nous apparut, pour la première fois, sous la forme de deux pics élevés, liés entre eux par une haute levée de terre. Le pic Nord, plus haut que l'autre qui est dans la partie Sud de l'île, s'élève graduellement de la mer à la hauteur de dix milles sept cents pieds. Par un temps clair, l'île se voit à une distance de plus de cent milles : mais ce n'est pas toujours ainsi, le sommet étant souvent enveloppé de nuages et de brouillards, qui sont fréquens à certaines époques de l'année.

Comme nous approchâmes de l'île par un beau jour et un vent doux, nous eûmes tout le loisir de l'examiner. Le rivage se compose presque entièrement d'un rocher de couleur sombre, couvert de bois qui descendent jusqu'au bord de l'eau. Sur toutes les basses terres de l'île croissent de beaux arbres de haute futaie, d'espèces variées, garnissant les flancs de la montagne jusqu'aux trois quarts de sa hauteur; là, ils deviennent clairsemés, rabougris, d'une croissance chétive, et sont entremêlés de buissons, et d'une herbe brune et sèche.

On aperçoit çà et là, autour des cabanes des naturels, de vastes terrains cultivés, dont la fraîche et vigoureuse végétation se marie admirablement avec l'épais feuillage des bois, formant une masse de verdure de l'aspect le plus enchanteur. Ici, la nature a prodigué ses largesses; l'ensemble de l'île est d'une beauté rare, et justifie pleinement le nom d'*Ilha Formosa*, ou la *Belle Ile*, qui lui fut d'abord donné. A mesure que nous approchions, la scène devenait plus distincte : l'obscurité qui règne au fond des immenses précipices et des énormes crevasses dont le sommet de la principale montagne est déchiré, faisait ressortir encore ces rochers, pour ainsi dire suspendus dans les airs, et renvoyant au loin les brillans rayons du soleil. Mais, plus près de terre, tout s'évanouit; le spectacle disparut derrière un rideau de collines qui bordent le rivage.

Jusqu'en 1827, l'île avait été délaissée et abandonnée à son état primitif, les Portugais et les Espagnols n'y ayant attaché aucune importance. Enfin, elle attira l'attention du gouvernement anglais, qui y vit un poste favorable pour réprimer la traite des noirs dans cette partie de l'Afrique. Située à quelques heures de navigation de la côte, dans le voisinage immédiat de cette suite de rivières qui, commençant à celle des Caméroups, à l'Est, s'étend sur toute la Côte-d'Or, servant de principaux débouchés au plus honteux et au plus inhumain trafic, Fernando-Po offrait assez d'avantages pour que l'on s'occupât d'y former un établissement : et le capitaine W. Owen partit d'Angleterre sur le vaisseau de Sa Majesté, *l'Eden*, muni des instructions de l'Amirauté, avec le titre de gouverneur, et ayant sous ses ordres le commandant Harrison. Le capitaine Owen avait été employé à la longue et difficile exploration des côtes d'Afrique, dans l'Atlantique et l'Océan indien, et les rivages de Fernando étant compris dans son inspection, il avait déjà visité l'île et connaissait la nature du sol, ses ressources et son climat. Avant l'arrivée du capitaine, quelques vaisseaux de guerre de la station d'Afrique y avaient abordé, pour se procurer des végétaux et de l'eau; peut-être aussi, de temps à autre, voyait-on un bâtiment de Liverpool s'y arrêter pour attendre un chargement d'huile de palmier, ou rétablir la santé de l'équipage, attaqué des fièvres que l'on gagne si facilement sur les rivières qui bordent la côte d'Afrique. Comme les insulaires habitent à quelque distance dans l'intérieur, tout vaisseau de haut bord annonçait son arrivée par un coup de canon, qui attirait les naturels au rivage avec des provisions de légumes, de volailles, et autres denrées à vendre. Ils demandaient surtout en échange des morceaux de cercles en fer, des couteaux et des clous. Ils attachaient tant de prix à ce métal, que, dans le commencement, un morceau de cercle de fer, d'environ six pouces de long, était le prix d'une couple de volailles ou de quatre ignames.

La fondation d'un nouvel établissement est chose difficile, et qui exige certaines qualités de l'âme, qu'il n'est pas donné à tout le monde de posséder. D'abord, il fallait parer aux funestes influences du climat sur des constitutions européennes; puis, bien que les naturels ne pussent opposer d'obstacles sérieux aux progrès de la colonisation, il était essentiel d'éviter toute cause d'hostilité, et de se concilier leurs bonnes grâces; personne ne pouvait mieux que le capitaine Owen remplir cette tâche difficile. Quels que soient les motifs qui l'ont déterminé à quitter ses fonctions de gouverneur, il est certain qu'aucunes mesures n'étaient plus propres que les siennes, à gagner l'amitié des insulaires, et à les intéresser à la conservation et à la prospérité de l'établissement; tous les jours encore, les chefs citent son nom avec affection et regret.

Le terrain que l'on avait choisi, est la partie Nord de l'île, au bord d'une petite anse formée par une étroite langue de terre, qui s'avance du rivage vers l'Est. On lui donna le nom de *Pointe William*. La crique, ainsi que l'ensemble de l'établissement, furent nommés *Clarence*, en l'honneur du roi d'Angleterre actuel, qui était alors grand amiral. La pointe *Adélaïde*, et deux petits îlots réunis par un banc de sable, forment les limites de l'anse à l'Ouest, et sont éloignés d'un demi-mille de la pointe William. La baie Goderich, est à l'Est, et l'anse Cockburn, à l'Ouest de la crique Clarence. Tandis que l'on déblayait le terrain, le plan des bâtimens se traçait sous la sage direction du capitaine Owen. Un pavillon qui flottait autrefois à l'extrémité de la pointe William, a été transporté sur la maison du gouverneur. Le premier objet qui frappe aujourd'hui les regards et attire l'attention, est un vaste et commode bâtiment, environné de quelques palmiers isolés; c'est là que l'hôpital est établi, et on ne pouvait lui assigner un local plus convenable. Il reçoit les salutaires influences de la brise de mer, et il est complètement séparé des autres habitations; précautions d'une haute importance dans le climat de Fernando-Po. Une petite construction terminée en dôme, à peu de distance de l'hôpital, et entourée de palissades, ainsi que quelques cabanes qui l'environnent, est l'ancien magasin. Auprès, est un autre grand bâtiment servant de caserne pour les troupes marines. Les quartiers des officiers et du corps africain viennent ensuite; une pièce d'artillerie montée sur affût, et braquée sur la crique, indique le caractère militaire de l'édifice. L'habitation du gouverneur consiste en un vaste bâtiment, très en vue, assis au bord d'un précipice, au pied duquel s'étend la plage où l'on débarque. On arrive au château par une pente roide et fatigante, d'une centaine de pieds. Une batterie de sept pièces de canon, apportée par le vaisseau de S. M. l'*Esk*, est placée en avant de la maison, de manière à dominer au loin la rive et la mer. Le bâtiment où se tiendra la commission qui doit présider à l'adjudication des vaisseaux négriers capturés, n'est pas encore terminé. Il est situé à peu de distance de celui du gouverneur. Diverses autres constructions garnissent la pointe William. Quelques arbres entremêlés avec les maisons, donnent à l'ensemble, vu de la mer, une apparence pittoresque. Cette remarque a été faite par tous ceux qui sont venus visiter ce pays, dont le premier aspect plaît généralement. M. Lloyd habite une maison assez bien construite, qui vient d'être finie. Il y en a une aussi destinée au chirurgien de la colonie, qui est un officier de marine. Les Kroumans et les nègres libres, au nombre d'environ deux mille, habitent près de la résidence du gouverneur, dans de petites cabanes très-propres, construites en bois et couvertes de feuilles de palmier. Ils sont très-soigneux, entretiennent leurs huttes en bon état, les entourent de petits jardins devant et derrière, où ils cultivent du maïs, des bananes, des poivriers. Leurs huttes alignées forment de petites rues qui s'alongent journellement par l'arrivée de nouveaux colons.

On s'occupe sans relâche à nétoyer et défricher le terrain. Les nègres libres, les troupes africaines et les Kroumans, sont employés à ces travaux. Les maladies les plus fréquentes parmi eux, sont les ulcères aux jambes, causés presque toujours par des accidens survenus en abattant les arbres, en extirpant les broussailles, etc. Seize hommes étaient à l'hospice pour y être traités de ces sortes de maux.

Les Kroumans sont une race à part, qui n'a rien de commun avec les autres tribus de l'Afrique. Ils habitent un pays appelé *Settra Krou*, sur la côte, près du cap de Palmes; tous sont marins, et c'est même leur principale occupation. Ils diffèrent de leurs voisins par leur langage et par leur caractère. On en prend toujours un certain nombre à bord des vaisseaux de guerre, qui croisent sur la côte d'Afrique, pour les employer aux manœuvres les plus fatigantes et qu'on ne peut exécuter qu'en s'exposant à l'ardeur brûlante du soleil. Cette vie errante les dissémine sur tous les points de la côte, et la leur fait connaître assez bien pour servir de pilotes; ils s'y établissent dans l'espoir d'être ainsi occupés, ne laissant que les anciens de la tribu dans leur pays natal, à moins que la guerre, venant à éclater, ne réclame leur présence; autrement, ils ne retournent chez eux qu'après une absence de plusieurs années, et lorsque, par leur industrie, ils ont amassé de quoi vivre à l'aise. Il y a parmi eux quelques hommes actifs, et intelligens, mais on ne peut toujours s'y fier; quoiqu'à tout prendre, ce soit une race fort supérieure aux autres tribus Africaines.

Outre l'aiguade, à droite, près de la maison du gouverneur, deux petits courans, qui portent le nom de ruisseau de Hay et ruisseau Horton, se déchargent dans la baie de Goderich. Ils fournissent d'excellente eau en abondance, et peuvent porter bateau. L'aiguade, dont nous venons de parler, est généralement adoptée, à cause des facilités qu'elle présente pour faire de l'eau. Le ruisseau est conduit jusqu'au bord de la mer par un aqueduc en bois, sous lequel les chaloupes peuvent se placer, et remplir leurs tonnes très-facilement sans les débarquer.

Le personnel de la colonie consistait, quand nous arrivâmes, en un surintendant, un gouverneur par intérim, M. Becroft, connu généralement sous le titre du capitaine; le capitaine Beatti, commandant *la Porcia*, patache de la colonie; M. Crichton, chirurgien; le lieutenant Stockwell, avec cinq ou six soldats de marine sous ses ordres; un mulâtre, enseigne du corps royal Africain, avec deux compagnies de noirs de Sierra-Leone; quelques charpentiers, des ouvriers en voiles, et un autre mulâtre, faisant l'office de scribe, ou de secrétaire de M. Becroft; enfin, un négociant anglais, nommé Lloyd, chargé d'affaires de M. Smith, et qui habite aussi dans l'île.

On ne pouvait choisir pour un établissement, un terrain plus favorable, un lieu plus commode que celui où est situé Clarence. La baie offre un mouillage sûr; les vaisseaux y sont à l'abri de ces épouvantables tornados, si fréquens dans ces parages. Elle est assez grande pour recevoir autant de navires qu'il s'en trouvera jamais à-la-fois à proximité de l'île. Elle abonde en poissons ; il n'existe point de roches sous l'eau ; le rivage est élevé, et cependant d'un accès facile aux bateaux. A l'Ouest de l'île est une autre baie, nommée la baie de George ; mais elle a l'inconvénient d'être ouverte de ce côté, et, par conséquent, de n'offrir aucune sécurité aux bâtimens. La proximité de la côte d'Afrique était un autre point important en faveur de la crique Clarence, vu le but pour lequel l'établissement était fondé.

Les naturels de Fernando-Po sont bien la race la plus sale qui existe sur le globe. Ils n'ont rien dans les mœurs, ni dans l'extérieur, qui rappelle leurs voisins de la côte, avec lesquels nous avons eu tant de relations ; le seul trait de ressemblance serait un penchant irrésistible au vol. Sous le rapport de la civilisation ils sont encore plus reculés que les habitans de Brass, qui certes n'y ont pas la moindre prétention ; il n'y a aucune analogie dans les langues, et pas le moindre rapprochement. Une preuve du peu de relations qu'ils ont eu avec le reste du monde, c'est que, tandis que les autres îles du golfe de Guinée sont inondées d'hommes de la même race que les habitans des côtes, Fernando-Po, qui en est beaucoup plus rapproché, est peuplé d'individus tout-à-fait différens. En général, la population de l'île se compose d'hommes robustes, bien proportionnés et d'une constitution athlétique; inoffensifs, doux, d'un caractère paisible, quoique chaque insulaire soit armé d'une pique, d'environ huit pieds de long, faite d'un bois dur, aiguisé à l'une des extrémités. Ils paraissent sains et bien portans, car, si l'on rencontre, çà et là, un ou deux individus moins bien partagés que les autres, comme avantages physiques, on ne voit nul signe des maladies si communes sur le continent d'Afrique. Nous avons déjà dit que ces naturels étaient fort sales, mais rien ne peut donner l'idée de leur dégoûtante malpropreté. Ils portent de longs cheveux, horriblement mêlés, et qu'on distingue à peine sous un enduit de terre rouge et d'huile de palmier. Cette terre et l'huile sont employées avec une telle profusion que le tout forme sur la tête une sorte de bouclier impénétrable; et les longues tresses, qui tombent sur les épaules, y laissent égoutter l'huile dont elles sont imprégnées. Quoique cette coiffure soit un abri suffisant contre toutes les intempéries de l'air, ils se parent encore d'une sorte de bonnet, fait avec des herbes sèches, bordé de plumes de coqs et d'autres oiseaux, artistement placées à distance les unes des autres. Quelques-uns, non contens d'une parure si distinguée, y ajoutent, sur le devant, des cornes de bélier, ce qui leur donne l'aspect le plus étrange et le plus ridicule. Pour fixer sur la tête le bonnet, avec tout cet attirail de plumes, de cornes, de coquillages, on se sert d'un morceau de bois, qui entre d'un côté et ressort de l'autre, en traversant la chevelure. Quelquefois cette élégante épingle est l'os de la patte ou de la cuisse de quelque petit animal, qu'on a eu soin d'effiler et de rendre pointu pour qu'il pénètre facilement. Rien d'aussi fantasque, d'aussi barbare que ces personnages, tatoués, bariolés, et parés du chapeau que nous venons de décrire. Ils s'oignent toute la figure d'un mélange d'argile rouge et d'huile de palmier. Quelquefois une poussière grise remplace la terre; cette même composition s'applique sur toutes les parties du corps, et rend la présence des naturels insupportable. Il est presque impossible de deviner la couleur de leur peau sous cette couche d'argile et d'huile; mais nous croyons qu'elle est moins noire que celle des nègres d'Afrique, et qu'elle se rapproche du ton cuivré.

Leur unique ajustement est le bonnet qu'ils portent sur la tête; seulement, les deux sexes s'entourent les reins d'une ceinture de feuilles, ou d'herbes sèches; tandis que les jeunes gens, auxquels le sentiment de l'indécence est étranger, vont entièrement nus. Des vertèbres de reptiles, des os de volailles, d'oiseaux et de moutons, des coquillages cassés, de petites verroteries, des morceaux de noix de coco, leur tiennent lieu d'ornemens; ils en font de petits paquets qu'ils suspendent en profusion autour de la taille, avec un soin tout particulier; ils en ornent ensuite leurs cols, et en attachent des chapelets autour de leurs jambes et de leurs bras, mais en moindre quantité qu'à la ceinture. Ils fabriquent de grossiers couteaux, avec le fer que leur ont donné en échange de vivres les vaisseaux qui ont visité l'île; quelquefois ils en polissent quelques morceaux, et les enchâssent dans une sorte de tresse de paille; cette œuvre d'art se porte en bracelets, fort estimés. Lors de leur première entrevue avec nos gens, les naturels étaient très-timides et témoignaient de grandes craintes; mais leur appréhension se dissipa peu-à-peu, et maintenant ils montent à bord sans défiance, pour demander des couteaux, des haches, ou tout ce qu'ils jugent être à leur convenance. Ils possèdent peu de canots, de petites dimensions, pouvant contenir dix à douze personnes chacun, mais ils ne sont pas très-experts dans l'art de les diriger. Cependant, ils font usage de mâts, et de voiles faites avec des espèces de nattes. Ils ne paraissent pas aimer l'eau, et nous n'en avons pas vu un seul qui sût nager. Néanmoins, ils réussissent fort bien à la pêche; ceux qui s'adonnent à ce genre d'exercice sont tenus de s'en occuper exclusivement, et il ne leur est pas permis de se mêler de culture. Au moyen d'échanges entre les pêcheurs et les cultivateurs, les besoins de tous sont satisfaits.

Dans les commencemens, lorsque des vaisseaux abordèrent pour la première fois dans l'île, les naturels montrèrent la plus grande répugnance à laisser pénétrer des étrangers dans leurs huttes, et même dans les bois situés très-près du rivage; peut-être craignaient-ils qu'on ne voulût piller leurs plantations. Mais à présent ils sont rassurés, et permettent aux colons de parcourir l'île en tous sens. On distingue au milieu des arbres leurs huttes, de la construction la plus grossière, disposées en petits groupes, autour d'un terrain défriché, où l'on cultive l'igname. Elles se composent de quelques pieux fortement fichés, en terre, avec des feuilles de palmier pour toîtures, et une sorte de treillage d'osier pour parois. Elles ont dix oud ouze pieds de longueur, la moitié en largeur, et tout au plus quatre ou cinq pieds de haut; l'ameublement consiste en morceaux de bois longs et plats, élevés de quelques pouces au-dessus du sol, et légèrement creusés pour servir de lits.

Les naturels ont donné de nombreuses preuves de leur penchant au vol; et il fallut d'abord user d'une grande vigilance pour les empêcher de tout enlever. Mais on doit reconnaître que, depuis la fondation de la colonie, les chefs ont pris une part active à toutes les mesures qui avaient pour but de mettre un frein à ces déprédations. Cependant quelles que fussent leurs habitudes avant la formation de l'établissement, ils semblent avoir peu gagné par leurs rapports avec les planteurs. Le principal chef a reçu du capitaine Owen le redoutable surnom de Coupe-gorge, qui lui restera tant qu'il vivra. C'est un sauvage déterminé, dont le commerce des colons et des Européens n'a pu changer en rien les habitudes. Il a reçu des Anglais d'innombrables présens, des vêtemens, et une foule de choses, qu'il dédaigne. Il continue à porter son petit chapeau, hérissé de plumes, et sa ceinture de longues herbes, ne faisant nul cas de tout ce qu'on lui a prodigué, n'y voyant que superfluités inutiles. Du reste, cette disposition est naturelle; jamais rien n'a gêné la liberté de ses mouvemens, et il y aurait lieu de s'étonner qu'il consentît à porter des habits, qui ne seraient pour lui que des entraves, dans un climat tel que celui de Fernando-Po, où l'on serait tenté soi-même de suivre l'exemple des naturels, à l'exception de l'usage immodéré qu'ils font de terre rouge et d'huile de palmier

Les insulaires viennent souvent à la colonie; et, si entre eux ils suivent peu les règles de la justice, ils voient avec plaisir exécuter ses arrêts sur les nègres libres et les Kroumans de Clarence. Il arrive souvent que ceux-ci, dans la disette où ils sont de nourriture animale, fatigués de l'éternel maïs, et cédant à la tentation de faire un repas plus substantiel, se hasardent à dérober ce que les naturels ne veulent pas leur céder. Pour ce genre d'exploits, ils se réunissent par bandes, se dirigent en secret vers les huttes, dans l'intérieur des terres, volant les ignames, les chèvres, les moutons, et tout ce qui peut leur tomber sous la main. L'infortuné propriétaire, ainsi dépouillé, ne manque pas d'accourir à la colonie, porter plainte au gouverneur. On fait défiler les nègres devant le plaignant, et on lui permet de désigner les voleurs, si cela lui est possible. Quand il parvient à les reconnaître, ce qui arrive fréquemment, on le laisse assister au châtiment infligé aux coupables, et ordinairement on l'indemnise de sa perte. Le dimanche qui suivit notre arrivée, une bande de quatre Kroumans partit avec la résolution d'aller piller dans l'intérieur, quelles qu'en pussent être les conséquences. Ils trouvèrent bientôt sur leur chemin une chèvre qui appartenait à un naturel; il la tuèrent, et revinrent, la cachant soigneusement de crainte d'être découverts. Toutes leurs précautions furent cependant inutiles. Le propriétaire vint le lendemain matin, accompagné de plusieurs de ses amis, et fit, en termes énergiques, son accusation contre les voleurs, qu'à ce qu'il semble, il connaissait parfaitement. On fit venir les Kroumans, et les quatre qui avaient été de l'expédition furent de suite indiqués par les naturels, avec de grands cris de triomphe. La justice eut son cours. Chacun des voleurs reçut cent-cinquante coups de fouet appliqués par le tambour africain, ordinairement chargé du rôle de bourreau. Les plaignans restèrent pour veiller à ce que le châtiment eût pleine et entière exécution. C'était horrible de les voir, les yeux brillans d'une joie féroce, compter les coups que recevait chacun des patiens; et se retirer satisfaits, après s'être rassasiés des tortures que leurs victimes enduraient. La cour de la caserne, sur la pointe William, entre le quartier des officiers et l'hôpital, est le lieu où se passent d'ordinaire ces tristes scènes. On lie le coupable à une espèce de potence érigée exprès. Deux fortes pièces de charpente, de sept à huit pieds de hauteur, sont fixées perpendiculairement dans le terrain, à quatre pieds environ l'une de l'autre. Une traverse en haut, et une autre, à peu de distance du sol, les unissent fortement. On attache les mains du patient à l'extrémité de la pièce supérieure de la potence, les deux jambes sont également liées aux deux extrémités de la traverse inférieure; puis on le livre à l'impitoyable tambour. L'instrument du supplice est un fouet armé de quatre lanières. Certes, il est pénible de penser que des êtres humains sont soumis à un pareil traitement; mais on est révolté quand on voit que des misérables, qui font trafic de chair humaine, achètent à prix d'argent le droit de faire subir à leur gré, et suivant leur caprice, d'aussi cruelles, d'aussi humiliantes tortures à leurs semblables. Ici, cependant, quelque sévère que puisse paraître ce châtiment, il faut l'envisager d'un autre point de vue. Il est cruel, il est vrai; mais le nègre a librement accepté la condition; il sait d'avance qu'en brisant ce qu'on peut appeler le premier lien de toute société civilisée, il s'expose aux conséquences de sa faute; c'est un risque qu'il affronte volontairement. D'un côté, cette inflexible justice met un frein aux mauvais penchans des noirs libres, et de l'autre côté prouve aux naturels que les déprédations, d'aucun genre, ne sont ni approuvées, ni souffertes par l'autorité de la colonie. L'anarchie la plus complète régnerait, si des châtimens ne venaient réprimer l'irrésistible penchant au vol de toute cette population; ces hommes retomberaient dans un état pire que celui dont ils sont sortis : il n'y aurait plus de sécurité pour les colons; car, les naturels, voyant leurs habitations envahies tous les jours, leurs propriétés enlevées, et ne pouvant obtenir la répression de ce déluge de calamités, en viendraient bientôt à se faire justice eux-mêmes, soit en égorgeant les colons, soit en les forçant d'abandonner le pays. Il y a donc nécessité dans ces mesures de rigueur. Elles ont déjà produit des effets salutaires, et entretiennent chez les insulaires le respect de la propriété. Nous ne connaissons pas d'une manière certaine le mode de châtiment adopté parmi ces derniers; leurs chefs semblent jouir d'une très-grande autorité, et il est probable qu'ils imitent en quelques points les formes de justice suivies dans l'établissement.

A l'exception du couteau, dont nous avons parlé, la seule arme des naturels est une pique, ou sorte de lance de bois de fer. Ce bois est tellement dur qu'il est inutile de garnir la pointe en métal. Elles sont très-communes parmi les habitans, qui n'y attachent pas grand prix. Nous n'avons pas eu occasion de juger de leur adresse à s'en servir. On dit qu'ils les emploient pour tuer des singes et autres animaux.

Ils faut que les ressources de l'île, comme provisions, soient épuisées, ou que les naturels aient décidé de réserver le reste pour leur propre consommation. Lorsque l'établissement se forma, ils apportaient gaîment au marché tout ce dont ils pouvaient disposer, comme ils avaient fait précédemment, quand par hasard quelque vaisseau abordait dans l'île; c'étaient des moutons, des chèvres, des oiseaux, le tout d'une très-médiocre qualité, et abondance d'ignames, qu'ils échangeaient volontiers contre des morceaux de cercle de fer. Pour un seul de ces morceaux on avait une chèvre, trois ou quatre pièces de gibier, une grosse botte d'ignames, pesant environ vingt livres. A mesure que leurs approvisionnemens diminuèrent, la valeur du fer baissa; ils en demandèrent tous les jours une plus grande quantité, jusqu'à ce qu'ayant peine à pourvoir à leurs propres besoins, ils cessèrent de fournir à ceux de la colonie, qui, depuis lors, est obligée de tirer des vivres de la rivière du Calabar et de celles qui l'avoisinent. A en croire les naturels, il y a de grands troupeaux de bœufs sauvages dans les montagnes de l'intérieur; mais nous n'avons pas ouï dire qu'un seul individu de Clarence en eût jamais découvert. Ceux que l'on consomme ici arrivent du Calabar. On dit aussi que l'on trouve à Fernando-Po, des bêtes fauves, abondance de gibier à plume, et grand nombre de singes, les uns noirs, les autres bruns. Il y a une quantité infinie de perroquets; les naturels en estiment beaucoup la chair, ainsi que celle du singe. On prend, dans la baie, du poisson et des tortues; mais ces ressources sont incertaines, et on ne peut y compter. L'île est montueuse; le sol, riche et fertile, produira tout ce qu'on voudra lui demander. Plusieurs petits ruisseaux descendent des montagnes et se jettent dans la mer. Les plus considérables sont ceux de Hay et de Horton, dont nous avons déjà parlé. Les ignames sont la principale culture, et réussissent très-bien. Les meilleurs et les plus gros de l'île sont, dit-on, ceux de la baie George. On leur trouve une saveur très-délicate. Le marché dans ce moment en est assez mal fourni, et les récoltes sont incertaines; ce qui tient probablement à des différences de saison, ou plutôt à l'irrégularité avec laquelle se font les plantations. On a remédié en partie à cette disette en établissant un jardin aux frais du gouvernement, dont les produits ont approvisionné quelques vaisseaux de guerre, mais ne suffisent point aux besoins des colons.

Le vin de palmier est ici, comme sur la côte, la boisson favorite des naturels. Il est facile de s'en procurer autant que l'on en désire; on en fait usage, soit quand il vient d'être extrait de l'arbre, soit, quelques jours plus tard, quand il a fermenté. Il semble que, dans sa tendre sollicitude, la Providence a fait naître le palmier pour ces pauvres Indiens, sans industrie, sans ressources, et qui savent à peine pourvoir à leurs besoins. Cet arbre précieux leur donne une boisson agréable, une huile dont ils tirent parti, un fruit nourrissant. Ils y trouvent encore tous les matériaux nécessaires à la construction de leurs maisons. On recueille la sève, à laquelle on donne le nom de vin, en pratiquant une incision dans le tronc de l'arbre; on insère dans cette ouverture une portion de feuilles qui fait l'office d'un canal et d'un bec. Le liquide suit la direction qui lui est offerte, et s'écoule dans une calebasse placée au-dessous, qui contient environ deux à trois gallons, et qui se trouve remplie à la fin de la journée. Il prend bientôt une apparence laiteuse, et se boit frais en cet état; ou bien on le conserve jusqu'à ce qu'il acquière une saveur amère. Le produit, du palmier, le poisson, et les ignames, forment la principale nourriture des naturels de Fernando-Po. Ils n'hésitent pas à sa nourrir de la chair de singe quand ils peuvent s'en procurer.

La méthode employée pour récolter le vin de palmier est absolument la même que celle qui est en usage parmi les Indiens de l'Amérique septentrionale pour recueillir le suc de l'érable. On fait également un trou dans le tronc de l'arbre; on y insère un morceau d'écorce de bouleau, qui fait conduit. Mais, au lieu de conserver la sève de l'érable, on fait évaporer la partie liquide et le reste se change en suc. On trouve à Fernando-Po différentes espèces de bois, entre autres le chêne d'Afrique, qui croît en grande abondance sur le bord de la mer, dans la baie George; le bois de sapin, l'ébène, l'arbre de vie (*Lignum vitæ*), une sorte de bois de campêche jaune, diverses espèces d'acajou et d'autres bois très-durs, couvrent toute l'île, et peuvent, par la suite, acquérir une grande valeur.

Nous avons eu le bonheur d'arriver pendant la belle saison, mais nous n'avons pas encore joui des bénignes influences de la brise de mer, qui, vers le milieu du jour, souffle quelquefois du Nord-Ouest. Le *harmattan* se fait, dit-on, sentir ici, quoique toutes les autres îles, situées dans le golfe, en soient exemptes. Ce vent, qui passe sur les sables brûlans de l'Afrique, serait intolérable, si la brise ne venait en tempérer l'ardeur. Tout le temps qu'il règne, l'air est tellement desséché, qu'on éprouve en le respirant une sensation pénible, mais qui, assure-t-on, n'a rien d'injurieux pour la santé. L'atmosphère est chargé d'un sable extrêmement fin et léger, qui ternit tout, amortit l'éclat des rayons du soleil, et jette une espèce de voile sur les objets. Le sol paraît souffrir de l'excès de la sécheresse. On prétend que ce vent, si sec, qui s'élève d'ordinaire après la saison pluvieuse, est très-utile pour purger l'atmosphère des vapeurs aqueuses dont elle est remplie; et l'on remarque qu'à son retour les malades commencent à entrer en convalescence. Le harmattan produit un singulier effet sur la peau des naturels. Lorsqu'ils ont été pendant quelque temps exposés à son action, leur peau se lève par larges écailles sur tout le corps, qui semble alors couvert en entier d'une poussière blanche.

Toutes les îles du golfe de Guinée, à l'exception de Fernando-Po, renferment chacune une capitale assez considérable; et, quoique leurs produits suffisent à approvisionner les vaisseaux qui viennent les visiter, et qu'elles fassent même un petit trafic avec ces bâtimens, il est probable que c'est principalement la traite des nègres qui leur donne quelqu'importance. Quant à l'île du Prince et à l'île Saint-Thomas, on sait qu'elles servent de dépôt, et qu'on y amène, de la côte, les esclaves, réembarqués ensuite et conduits, à mesure que les occasions se présentent, sur les points où l'on croit s'en pouvoir défaire. Les naturels de la petite île d'Anno-Bon semblent vivre dans des transes continuelles, et craignent de subir le même sort. Les traitemens qu'ils ont éprouvés de la part des Espagnols ne justifient que trop leurs terreurs.

D'après une ancienne tradition, ils se persuadent avoir appartenu autrefois aux Portugais ; ils conservent des preuves de leur initiation aux cérémonies de la religion catholique romaine. Ils ont, dit-on, un soin tout particulier de montrer aux étrangers leur église, très-bien située, en face du lieu où l'on débarque. D'après tous les récits, ils vivent maintenant dans l'état de simple nature, et sans connaissance aucune de ce qui se passe dans le reste du monde. Une histoire qu'ils racontent avec une naïve confiance, et dans laquelle se retrouvent quelques traces de notions religieuses, peut faire apprécier le degré de lumières qu'ils possèdent. Un jour, le roi, dans l'intention de donner à un étranger une haute idée de son importance, lui dit, très-sérieusement, qu'un peu avant son arrivée, dans une conférence intime avec l'être suprême, il avait reçu de ce dernier, la révélation des causes d'une maladie qui avait récemment affligé l'île, et en même-temps l'assurance de la sanction divine donnée à son gouvernement. On rapporte nombre d'autres histoires non moins absurdes, et telles qu'on peut les attendre de gens semi-barbares ; le dire du vieux roi suffit toujours, et l'on n'oserait mettre en doute dans son empire la véracité et la légitimité de ses paroles. Anno-Bon peut passer pour un pays sain, comparé aux autres îles du golfe de Guinée; mais son éloignement de la côte le rend presque inutile pour la répression de la traite. L'unique parti qu'on en pût tirer serait d'en faire la station d'une demi-douzaine de bateaux à vapeur, qui rendraient plus de services que tout autre vaisseau pour atteindre le but qu'on se propose

Sans doute la situation de Clarence a été admirablement choisie; mais il est à regretter que le climat soit si malsain pour les Européens. Quatre décès ont eu lieu à Fernando-Po pendant notre séjour; le voilier, un des charpentiers de la colonie, un matelot de *la Porcia*, et un homme de l'équipage de *la Suzanne*, brick anglais que nous avons trouvé ici à notre arrivée. Ce dernier bâtiment était dans le Calabar, attendant son chargement, quand la fièvre attaqua l'équipage. Bientôt le capitaine et les contremaîtres furent emportés; tous moururent l'un après l'autre, et il ne resta qu'une seule personne à bord. Il n'y avait plus moyen de sortir de la rivière, encore moins de compléter la cargaison, et le bâtiment aurait pourri sur place après la mort du dernier matelot, sans les soins de M. Becroft, qui engagea des hommes, conduisit le brick à Clarence, fit remplacer le mât, et, après avoir fait radouber et réparer le bâtiment de son mieux, renouvela l'équipage et les provisions, et l'envoya en mer. On nous offrit même notre passage sur ce vaisseau pour retourner en Angleterre; les précédens *nous* décidèrent à refuser. Bien nous en prit; car il fut obligé de relâcher au cap Coast, la fièvre s'étant déclarée de nouveau à bord.

Le sort de la famille du lieutenant Stockwell, commandant les soldats de marine, est ce que nous avons appris de plus affreux sur les effets du climat en ce pays. Cet officier avait fait venir de l'île de l'Ascension sa femme et sa nombreuse famille. Tous habitaient la Maison de la Cascade, élevée par les soins du capitaine Owen; M. Stockwell perdit, l'un après l'autre, cinq de ses enfans, et cinq domestiques qui entrèrent et moururent successivement à son service : son frère fut le onzième. M. Stockwell et sa femme échappèrent à grand peine. La maison, désertée par eux, n'a plus été habitée depuis que par des noirs. La maladie qui attaque les Européens, dans ces climats, ressemble beaucoup, dit-on, à la fièvre jaune des Indes occidentales. Les symptômes, depuis l'invasion du mal jusqu'à la fin, sont les mêmes; elle est également expéditive. On prétend que la baie

George est beaucoup plus saine que Clarence. Située à l'Ouest, rien n'interrompt le souffle bienfaisant de la brise de mer; tandis qu'à Clarence ce vent n'arrive que plus tard, est intercepté par les terres du côté de l'Ouest, et traverse un long et fétide marais où il se charge de toutes sortes de vapeurs et d'émanations malfaisantes. Parmi les avantages de la baie Georges, il faut compter un grand espace de terre découverte, et un sol aussi fertile, au moins, que celui de Clarence.

Maintenant que notre expédition vient d'ouvrir un chemin si large, jusque dans l'intérieur de l'Afrique; maintenant que le commerce va, très-probablement s'emparer de cette voie, et que les naturels, informés bientôt de ce que nous allons chercher, et de ce que nous apportons chez eux, afflueront à nos vaisseaux, il n'y a pas de doute que beaucoup de productions, aujourd'hui sans valeur, donneront d'énormes bénéfices. De toutes parts on accourra sur les bords du Niger, et ce beau, ce magnifique fleuve, offrira un spectacle jusqu'alors inconnu. Le premier effet de cette nouvelle communication sera d'abolir le monopole qu'exercent jusqu'à présent, à l'embouchure du fleuve, les chefs du bas pays. Des bateaux à vapeur, dans la saison où nous avons suivi le courant, pourront remonter jusqu'à Lever, et se riront des efforts qui tenteraient de les arrêter. La machine à vapeur, une des plus belles inventions du génie de l'homme aidera à introduire la civilisation parmi ces ignorans Africains. Ce mécanisme, qu'ils ne pourront comprendre, sera d'abord, pour eux, un objet d'étonnement et d'effroi ; mais bientôt ils arriveront successivement à en connaître et à en apprécier les avantages, saluant la venue de chaque bateau par des cris de joie et de reconnaissance. Alors l'importance de Fernando-Po s'accroîtra nécessairement, et cette île deviendra un entrepôt considérable. Suivant moi, on épargnerait beaucoup de dépenses, et, ce qui est bien plus important, on sauverait la vie à un grand nombre d'individus, s'il devenait possible de transporter le chef-lieu de l'établissement à la baie George. De toute la côte c'est Accra qui paraît le plus sain ; le sol y est bon, nettoyé de broussailles à plusieurs milles à la ronde, et je le recommanderais, de préférence, si ce comptoir n'était trop éloigné de l'embouchure de la rivière.

Jeudi, 23 *décembre*.—Le surintendant, M. Becroft, m'a engagé à l'accompagner sur *la Porcia*, schooner de la colonie, qui doit le transporter dans la rivière de Calabar. Il va y chercher des bestiaux pour l'usage de la colonie. On les tire d'une ville appelée Ephraïm, où il y en a en abondance. Fatigué de Fernando-Po, j'acceptai l'invitation pour passer ce temps qui me semblait si long, dans mon impatience de faire voile et de porter en Angleterre la nouvelle de nos découvertes. Mon frère, trop souffrant, ne put nous accompagner, je le laissai à Clarence, et m'embarquai le soir même avec M. Becroft.

Nous partions par une belle brise, mais il nous fallut user de grandes précautions pour n'être pas chassés par la marée, sur la pointe William, ou sur les îlots Adélaïde, aux deux extrémités de l'anse; car, en tout temps, le flux prend l'une de ces deux directions. Au sortir de la crique, le mieux est de suivre le milieu de la passe, et de se tenir éloigné autant qu'on le peut des deux écueils. Les courans, dans le golfe de Guinée, passent pour être très-changeans, quoiqu'ils viennent généralement de l'Ouest, obéissant à la direction du vent de mer. Le harmattan produit, de son côté, un courant très-fort, portant à l'Ouest, et directement opposé au premier. L'ignorance de ce fait a été fatale à plus d'un vaisseau. Les patrons, se croyant sous l'influence d'un courant, en ont souvent laissé dériver le vaisseau, de plusieurs milles à l'Ouest, dans une seule nuit, et se sont trouvés échouant à la côte, le lendemain matin. Quand les brises de mer sont fortes, le courant d'Ouest est si violent, qu'on a peine à se figurer que le harmattan le dompte en deux jours; cependant il est bien connu de ceux qui ont fréquenté le golfe, que l'effet de ce dernier est si fort, que le courant qu'il détermine résiste encore long-temps à l'influence des vents d'Ouest, quand ces derniers ont repris le dessus. On cite un exemple remarquable de la vélocité des courans dans le golfe, au Sud de Fernando-Po. Au mois de juin, un navire fit, en vingt heures, la traversée entre l'île des Princes et celle de Saint-Thomas. Ordinairement, il ne faut pas moins de huit à dix jours pour ce trajet. La distance est de quatre-vingt-treize milles; et le vaisseau à dû faire de quatre à six milles à l'heure. On assure que le harmattan ne s'étend pas au Sud de Fernando-Po; mais le fait n'est pas encore suffisamment éclairci.

Le passage de Fernando-Po à Sierra Leone est d'ordinaire très-long et très-ennuyeux, à cause des calmes fréquens et de la divergence des courans. La route se fait en portant au Sud pour profiter des vents alizés, ou en côtoyant le rivage jusqu'au cap des Palmes, de manière à profiter des vents de terre. Le commerce recommande la première route, comme plus sûre et plus prompte ; car un vaisseau qui adopte la seconde a plus de courans à redouter, outre la nécessité de ne jamais perdre le rivage de vue; C'est encore la première voie que les bâtimens de commerce adoptent, quand ils retournent en Angleterre. Quelques vaisseaux, prenant un terme moyen entre deux routes, sont souvent battus des deux vents opposés, et n'ayant l'avantage d'aucun, sont retardés par les calmes et les pluies; ce point intermédiaire est à soixante milles en mer, m'a-t-on dit. Pour l'éviter, les vaisseaux doivent, en partant de Fernando-Po, se tenir de beaucoup au-delà ou en deçà de cette distance.

Dans cette partie du golfe de Guinée, entre Fernando-Po et la rivière du Calabar, la saison des pluies commence au mois de juillet ; elle est dans toute sa force en août et septembre, accompagnée de tornados d'une violence épouvantable, qui se succèdent rapidement. Les pluies continuent pendant le mois de novembre et cessent en décembre ; mais il se passe rarement plusieurs jours de suite sans qu'il y ait ouragan sur la côte. Le temps est sec et chaud tous les autres mois de l'année, excepté en mai, où il tombe de légères averses; cette époque est l'hiver pour les naturels, ils en redoutent le froid comme nous craignons celui de notre mauvaise saison, sont extrêmement sensibles au changement de la température, et pendant les pluies, prennent, contre le temps humide, les mêmes précautions que nous, contre les gelées.

Ce qui distingue principalement ce climat de tous ceux qui sont compris entre les tropiques, ce sont ces tempêtes furieuses de vent, accompagnées de pluies, d'éclairs et d'éclats de tonnerre épouvantables; on les appelle des tornados. Les anciens croyaient la zone torride absolument inhabitable; ils se la figuraient comme une fournaise ardente où l'homme ne pouvait exister. On serait tenté d'imaginer que des rapports exagérés des tempêtes de ce pays, faits par quelques voyageurs qui y auront pénétré, ont donné naissance à ces bruits absurdes. Nous en avons déjà essuyé trois ici, mais ce n'était que bagatelle comparé à ce qui a lieu dans la saison des pluies. On les dit très-violentes, et heureusement de courte durée. Rien ne peut résister à la fureur du vent. Des signes précurseurs indiquent leur approche, et les commandans des vaisseaux sur la côte, sont au fait de ces présages. C'est toujours de l'Est que viénnent ces ouragans, qui ne durent pas plus de quinze à vingt minutes. Vers le Nord-Ets, paraît un nuage lumineux, dont les yeux ne peuvent soutenir l'éclat ; il grandit, et dans le cours d'une heure, passe graduellement de l'Est au Sud-Est, tandis que la brise de mer habituelle continue à souffler du Nord-Ouest. Arrivé au Sud-Est, le nuage laisse échapper d'innombrables éclairs, semblables à des tourbillons de flammes, la foudre gronde incessamment, ses éclats multipliés déchirent les airs et assourdissent les oreilles. Les éclairs vous aveuglent, puis il y a un court intervalle de calme, au moment où la brise domptée cède à l'ouragan. A l'horizon, du côté d'où viennent les nuages, se forme un petit arc, qui grandit rapidement et s'élargit, n'étant autre chose que l'action du vent qui disperse les lourds nuages au travers desquels il passe. C'est le moment de crise : l'arc à peine a touché le zénith, que le vent, le tonnerre, les éclairs, les torrens de pluie, sont versés du ciel tout à-la-fois. Malheur au bâtiment qui, se laissant surprendre, n'aurait pas eu la précaution de carguer toutes les voiles ! Il serait de suite jeté sur le flanc. Mais les avertissemens que l'orage donne de sa venue, suffisent au navigateur expérimenté qui, toujours sur le qui-vive, diminue de voile à propos, et manœuvre de manière à échapper aux efforts de la tempête, en courant sous le vent. Généralement, le danger ne dure pas plus d'un quart-d'heure; l'ouragan tombe tout-à-coup, la brise passe du Sud à l'Ouest, et s'y maintient jusqu'au prochain orage. Plusieurs particularités remarquables accompagnent ces tornados. Suivant des navigateurs expérimentés, c'est ordinairement à la nouvelle et à la pleine lune, que ces phénomènes ont lieu; ils éclatent plus communément au moment du coucher de cet astre. En d'autres pays, on conteste l'influence de la lune sur le temps; mais les détails que nous venons de donner, sont le résultat d'observations faites par d'habiles marins; ce sont des faits constatés.

Samedi, 25 *décembre*.—Après une traversée agréable, nous avons jeté l'ancre, ce matin, devant la ville d'Ephraïm, dans la rivière du Calabar; on compte soixante milles, de Fernando-Po à l'embouchure de la rivière, et Ephraïm est à cinquante milles plus loin, sur la rive orientale. En remontant le fleuve, mes yeux furent attirés par un objet d'une apparence fort extraordinaire, qui était lié à une branche d'arbre et suspendu au-dessus de l'eau. Ma curiosité fut vivement excitée, mais je ne pouvais deviner ce que c'était. Bientôt nous arrivâmes plus près, et je reconnus un cadavre humain, attaché par le milieu du corps, et dont les pieds et les mains touchaient à l'eau. Ce spectacle horrible me rappela que j'étais encore au milieu des populations barbares de la côte, quoique je n'eusse rien vu d'aussi odieux en descendant la rivière Nun. Les habitans des rives du Calabar sont païens, et dans un état de dépravation inouï. Ils ne connaissent point le mahométisme, ni aucune autre forme de religion. Ils croient à l'existence d'un esprit puissant et bon, qui, selon eux, habite la rivière. Pour obtenir ses faveurs et sa protection, on lui offre souvent des sacrifices du genre de celui que nous venons de décrire. Ordinairement on choisit pour victime, un esclave vieux, hors d'état de rendre aucun service, et que l'on ne pourrait vendre. Il attend ainsi la mort, exposé à l'ardeur des rayons du soleil, ou prêt à devenir la proie de quelque crocodile affamé, ou de quelque requin que le hasard amène en ces lieux.

On regarde comme nécessaire pour l'accomplissement du rit, que les pieds et les mains touchent l'eau, ce qui rend le supplice plus terrible, et fait de ces malheureux un appât pour la voracité de certains poissons.

A leur arrivée, tous les vaisseaux reçoivent ordinairement la visite du duc Ephraïm, chef de la ville; personnage bien connu des nombreux négocians de Liverpool, dont les bâtimens fréquentent la rivière. L'objet de sa visite est de percevoir son présent, qui consiste en drap, fusils, rhum, et autres objets. Il vient en grande pompe, dans son canot, et accompagné d'une nombreuse suite; il n'est permis à personne de quitter le bâtiment, avant que ce cérémonial soit accompli. C'est une manière d'assurer le péage des droits du port, mais elle n'a lièu que pour les navires qui viennent trafiquer. *La Porcia*, en sa qualité de vaisseau du gouvernement, en fut exempté. Aussitôt que nous eûmes jeté l'ancre, je me rendis, avec M. Becroft, à la résidence du duc, pour lui présenter nos respects. Au bout de dix minutes, nous atteignîmes la maison; nous le trouvâmes sur la place des *Palavers* ou Conseils, qui dépend de son habitation. Il était fort occupé à écrire, et environné d'un grand nombre de ses principaux sujets. C'est chose rare que de trouver un chef indigène, engagé dans de semblables occupations; mais les grandes relations commerciales que le duc Ephraïm entretient avec les négocians de Liverpool, expliquent ses talens et la teinture légère qu'il a acquise de la langue anglaise. Ses prétentions à la parure se trahissaient par l'élégance de son chapeau galonné en or, et par la beauté d'un morceau d'étoffe de soie, noué autour de ses reins. Ses grands officiers portaient aussi des chapeaux bordés d'or; tandis que ceux d'un grade moins élevé se contentaient de galons d'argent; la classe inférieure n'avait aucune de ces distinctions. Le conseil était réuni au moment de notre entrée; mais le duc, reconnaissant M. Becroft, nous reçut avec beaucoup de cordialité, et nous fit asseoir. Ce souverain a la réputation d'être toujours extrêmement poli et prévenant pour les Anglais, et de leur faciliter les acquisitions de bestiaux, et de tout ce dont ils peuvent avoir besoin. Il a conçu une très-haute idée de la nation sur les *belles choses* qu'on lui apporte d'Angleterre; et peut-être qu'il se mêle aussi à son admiration un peu de terreur. Des bâtimens qui faisaient la traite ont été capturés par les bateaux des vaisseaux de guerre de la station, jusque dans la rivière; cette circonstance lui a donné une grande opinion de l'audace et du courage de nos marins, ainsi que de notre puissance. Autrefois, les vaisseaux de guerre remontaient la rivière, pour y découvrir les négriers. Le duc recevait les commandans avec beaucoup d'égards, et les secondait de son mieux dans leurs recherches ; conduite qui semble assez extraordinaire, quand on réfléchit au motif qui amenait ces bâtimens, et que, d'un autre côté, l'on sait qu'Ephraïm est le principal agent de cet infâme trafic, et qu'il fait continuellement venir des esclaves de l'intérieur. Maintenant il n'est pas permis aux vaisseaux du roi de remonter la rivière, à cause de la mortalité qui, à plusieurs reprises, s'est déclarée à bord, durant ces expéditions.

Au bout de peu de temps, le duc nous invita à passer dans une salle haute, qui est son plus bel appartement; en conséquence, nous montâmes trente à quarante marches en bois, qui nous conduisirent dans une vaste pièce, de l'aspect le plus bizarre. Ce local, qui peut avoir trente pieds de long sur vingt de large, était, à la lettre, encombré de toutes espèces de meubles européens, couverts de toiles d'araignées et d'une couche de poussière d'un demi-pouce d'épaisseur. Des tables, des chaises d'une élégance remarquable, de magnifiques sofas, des miroirs, des glaces de la plus grande dimension, les portraits gravés des principaux personnages d'Angleterre, des vues de batailles et de combats sur mer, des carafes et des verres artistement taillés, des chandeliers de cristal, et une multitude d'autres objets, trop nombreux pour être cités, gissaient pêle-mêle dans le plus grand désordre. Un très-bel orgue attira principalement notre attention, ainsi qu'un grand fauteuil de bronze, sur lequel est une inscription portant que ledit fauteuil est un présent de Sir John Tobin de Liverpool. L'inscription, ou plutôt les caractères en relief, sont ceux-ci : « Offert par Sir John Tobin de Liverpool, à *son ami le duc Ephraïm* ; » et celui-ci est assez vain du cadeau : il ne manque jamais de le montrer aux personnes qui viennent visiter ses richesses, et auxquelles il permet d'en repaître leurs yeux. Mais il en est si fier, si soigneux, si inquiet, qu'il est défendu à tout le monde d'y toucher; ses serviteurs n'ont pas la permission d'en approcher, même pour enlever la poussière qui s'y accumule depuis des années. Tout ce singulier assemblage se compose de présens faits au duc par des négocians anglais, français, espagnols ou portugais, et il les entasse là depuis un long espace de temps.

Duc-Ville (*Duke-Town*) ou la ville d'Ephraïm, car elle est connue sous ces deux noms, est située sur un terrain assez élevé, sur la rive gauche ou orientale de la rivière; elle est d'une grandeur considérable, et s'étend le long du fleuve; d'après les apparences, le nombre des habitans doit s'élever à six mille au moins. Les maisons sont généralement construites en terre, comme celles des habitans d'Eboe. En face de la ville, le fleuve Calabar n'est pas tout-à-fait aussi large que la Tamise au pont de Waterloo, et la rive opposée est un peu moins haute que celle sur laquelle la ville est assise. Les bâtimens sont fort irréguliers, et ne sont séparés que par des ruelles étroites, fort humides et fangeuses dans cette saison. L'habitation du duc est au centre de la ville, et, ainsi que les autres, elle est bâtie en terre; elle se compose de plusieurs places ou cours carrées, autour desquelles règne une galerie, comme dans le Yarriba. Le bâtiment du centre est occupé par le duc et par ses femmes; dans les autres, logent les personnes de sa suite, et ses serviteurs, qui sont en grand nombre. Juste en face de l'entrée de la résidence, il y a un petit arbre décoré d'une quantité de crânes et d'ossemens humains. Cet arbre est considéré, par le peuple, comme fétiche ou sacré, et on lui suppose la vertu d'empêcher le malin esprit de pénétrer dans la demeure du chef.

Tout à côté, s'élève la maison occupée par les prêtres, qui sont bien les êtres les plus dégradés et les plus sauvages qu'il soit possible d'imaginer. Les prêtres fétiches de Brass se couvrent tout le corps de craie depuis la tête jusqu'aux pieds, et s'affublent d'une façon bizarre et toute particulière; mais ceux-ci les surpassent de beaucoup, et parviennent à se rendre encore plus hideux et plus dégoûtans. Dans quel but? c'est ce que je n'ai pu découvrir. Peut-être ont-ils l'intention de personnifier le mauvais esprit qu'ils redoutent tant: quoi qu'il en soit, ils courent par la ville, le visage couvert d'un crâne humain, et se ménageant, pour y voir, l'ouverture des orbites. Ce masque horrible est surmonté d'une paire de cornes de bœuf; tout leur corps est couvert d'un réseau fait avec de l'herbe sèche; et, pour compléter le tout et se donner une apparence aussi ridicule que hideuse, ils s'attachent par derrière une queue de vache, qui, passant au travers des mailles du filet, pend jusqu'à terre. Quelquefois un chapeau à trois cornes remplace les cornes de bœuf, et c'est le crâne d'un singe ou d'un chien qui couvre leur figure, et les rend, s'il est possible, encore plus ignobles et plus grotesques. Ainsi équipés, ils se livrent aux cérémonies mystérieuses de leur profession, dont je n'ai eu ni le temps, ni l'occasion de m'informer, mais qui fascinent l'esprit de ces peuples crédules. Autant que j'en puis juger, ils croient à un bon et à un mauvais esprit. Le génie du bien réside dans l'eau, et c'est à lui qu'ils offrent des sacrifices humains. Le mauvais génie habite sur un arbre, qu'on a soin de garnir de crânes, afin de se préserver de ses funestes influences.

Dimanche, 26 *décembre*. — Ce matin, le principal agent du chef est venu à bord de *la Porcia* recevoir le prix de quelques bœufs, que M. Becroft avait achetés. Il y avait dans sa personne quelque chose qui attira mon attention; il me semblait beaucoup plus sale qu'aucun de ceux que j'avais vus la veille. En l'examinant plus attentivement, je découvris que sa tête et tout son corps étaient couverts de cendres; un morceau de toile grossière et malpropre était attaché autour de ses reins. Du reste, il paraissait en proie à une grande inquiétude d'esprit, et avait l'air profondément triste et malheureux. Je lui demandai la cause de sa douleur, et pourquoi il s'était ainsi souillé de cendres et de poussière; il n'hésita pas à me confier sa peine. Il avait six femmes, dont l'une, beaucoup plus belle et meilleure que les autres, était naturellement la plus aimée de lui. Cette partialité excita la jalousie des autres; et, blessées de son indifférence, elles résolurent de se venger, et de se débarrasser de leur rivale par le poison. Elles venaient d'exécuter leur complot, et le pauvre homme était accablé de son chagrin et de la perte qu'il avait faite. Son récit fut simple et touchant; tandis qu'il parlait, de grosses larmes coulaient le long de ses joues. Jamais je n'avais vu de nègre aussi affecté de la mort d'une femme. L'usage remarquable de se couvrir de cendres et de bure, en signe de deuil, semble particulier à ces peuples; et, tant que dure leur chagrin, ils gardent ces témoignages extérieurs. Ils font de même à la mort d'un parent. C'est la seule coutume de ce genre, en souvenir des morts, que j'aie rencontrée dans toutes les parties de l'Afrique où j'ai pénétré.

Une autre aventure tragique a fait grand bruit dans cette ville. Un médecin, ami de cœur du chef, en possession de toute sa confiance, avait reçu de lui la permission de visiter ses femmes, (comme médecin) aussi souvent qu'il le jugerait à propos. Les visites du docteur étaient devenues, depuis peu, assez fréquentes pour éveiller les soupçons, et tous ses mouvemens étaient épiés. Le pauvre homme fut bientôt pris au piège. Ayant découvert le motif peu légal de son assiduité, le duc furieux a donné ordre qu'on liât le docteur, pieds et poings, et qu'on le jetât demain dans la rivière. Il n'y a nul doute que la sentence s'exécutera. Car, bien que les naturels aient plusieurs femmes, ils envisagent l'adultère avec une profonde horreur.

Nous trouvâmes dans le Calabar sept vaisseaux français, un espagnol, deux anglais. Un de ces derniers, *la Calédonie*, de cinq cents tonneaux, appartient à sir John Tobin, de Liverpool; il fait un chargement d'huile de palmier, ainsi que le brick *l'Elisabeth*.

La rivière est très-sinueuse; le manglier est à-peu-près le seul arbre qui croisse sur ses bords. La rive droite est entourée d'une multitude de criques, bien connues des naturels, qui les remontent dans leurs canots; elles communiquent avec toutes les rivières qui tombent dans le golfe de Guinée, entre la rivière du Calabar et celle de Bénin. Les habitans vont par eau jusqu'à cette dernière ville; mais il n'existe pas de communication avec la rivière Caméroun, qui semble complètement distincte de celle du Calabar. Les canots sont pareils à ceux d'Eboe, mais moins grands. Le fleuve est plein de crocodiles, de douze à quatorze pieds de longueur, d'une avidité et d'une hardiesse surprenantes. Peu de temps avant notre arrivée deux individus avaient été leurs victimes. Un vaste magasin, appartenant à sir John Tobin, et contenant les huiles de palmier destinées au chargement des vaisseaux de Liverpool, est bâti tout au bord du fleuve; un malheureux jeune garçon indigène, fatigué des travaux de la journée, s'y étant endormi, l'autre soir, la nuit un crocodile est venu l'attaquer; il s'éveilla dans la gueule du monstre. Ses cris, sa lutte, ses efforts furent inutiles; le vorace animal le broya, le déchira de la façon la plus horrible, et emporta une de ses jambes, en se retirant dans l'eau. Le lendemain matin on trouva les restes du pauvre enfant, sanglans et mutilés. Un autre perdit le bras de la même façon, et en mourut.

Les vivres sont chers maintenant à Duc-Ville, et même rares. Un bœuf de médiocre qualité se vend vingt dollar (cent francs environ). Le prix des chèvres et des moutons est de seize francs cinq sous et demi; un canard coûte un demi-dollar; on a deux volailles pour la même somme. Les naturels cultivent les ignames avec beaucoup de succès; les leurs passent pour les plus beaux et les plus savoureux du pays. Il n'y a point de terrain défriché sur les bords du fleuve ; toutes les cultures se font à quelque distance, au milieu des bois.

Jeudi, 20 *janvier*. — Depuis mon retour de la rivière du Calabar, j'y suis retourné deux fois, à bord de *la Porcia*, accompagnant M. Becroft. Dans l'intervalle, est arrivé un vaisseau anglais, *le Caernarvon*, chargé de provisions que le gouvernement envoie à la colonie. Ce bâtiment doit aller prendre une cargaison à Rio-Janeiro ; et, comme il y a peu d'espoir de trouver de sitôt une autre occasion de quitter l'île, nous avons prié M. Becroft de prendre des arrangemens pour notre passage jusqu'à Rio, où nous comptons trouver plus de facilités pour retourner en Angleterre. Il y a huit jours, le brick *le Thomas*, de funeste mémoire, qui nous prit à bord dans la rivière Nun, a touché à Fernando-Po, revenant des Camérouns. Lake pensait que nous ferions la traversée sur son brick ; mais, bien que nous ayons passé ici sept longues semaines, nous aimerions certainement mieux y demeurer encore le double de ce temps, que de nous remettre en son pouvoir. Nous avions assez de ses soins et de ses affectueux égards, et nous l'avons remercié. Il est resté trois jours dans l'île, et a mis à la voile ce matin à six heures. Il n'avait pas fait un mille, quand un grand bâtiment, tout couvert de longs mâts élancés, est sorti de derrière une portion de l'île, s'est mis à sa poursuite, et par le feu bien dirigé de ses canons, l'a obligé à plier ses voiles et à mettre en panne. Le lendemain les deux bâtimens étaient tranquillement l'un auprès de l'autre. Le jour suivant ils avaient disparu tous deux, et nous n'avons pas revu *le Thomas*. A notre arrivée en Angleterre, nous avons su que les propriétaires du brick n'en avaient pas non plus entendu parler. Il n'y a nul doute que le bâtiment qui l'a attaqué ne fût un pirate. Nous en jugeâmes ainsi, lors de l'engagement, à son apparence suspecte, et à son feu bien nourri. Les gens de l'établissement de Fernando-Po, partageaient notre opinion, et nous dirent que, lorsque ces barbares auraient égorgé l'équipage du *Thomas*, avec le capitaine, ou les auraient forcés de marcher sur la planche, selon leur expression, ils couleraient le vaisseau à fond, après l'avoir pillé, et en avoir enlevé tout ce qui leur convenait. « Marcher sur la planche » est littéralement marcher à la mer. On pose une planche en travers du bord du vaisseau, de façon à ce qu'une des extrémités avance sur l'eau, tandis que l'autre reste en dedans. La personne, condamnée par ces scélérats à ce genre de mort, qu'on choisit généralement pour éviter un supplice plus cruel, est placée au bout de la planche, et contrainte de marcher tout le long, jusqu'à ce qu'en atteignant l'extrémité, son poids fasse faire la bascule, et qu'elle tombe à la mer. Quelquefois, pour finir plus vîte, on lui attache autour du corps une chaîne avec un boulet, qui l'entraîne rapidement au fond. Les pirates trouvent ensuite moyen de tirer parti du malheureux bâtiment qui leur tombe entre les mains. Après s'être défait de l'équipage et du capitaine, ils chargent le navire marchand d'esclaves, et lui font traverser l'Atlantique. S'il est rencontré par quelque vaisseau de guerre, il échappe à l'examen, ayant déjà été reconnu et signalé, tandis qu'il était sous les ordres de son ancien commandant.

La commission chargée de l'adjudication des vaisseaux qui font la traite, n'a pas encore quitté Siera-Leone; c'est là que l'on conduit toutes les prises.

Nous étant préparés au départ, nous nous embarquâmes pour Rio-Janeiro, à bord du *Caernarvon*, commandé par le capitaine Garth.

La réception que nous ont faite, à Clarence, tous les employés de l'établissement, a été des plus amicales, et a de beaucoup dépassé notre attente. Nous avons des obligations particulières à M. Becroft, qui a exercé envers nous l'hospitalité la plus généreuse, pendant notre séjour; les attentions dont il nous a comblés, et les soins de M. Crichton, chirurgien de la marine, et de M. Beatty, ont beaucoup contribué à dissiper les tristes effets des fatigues de notre navigation sur le Niger. Nous avons eu en profusion tout ce que Fernando-Po pouvait offrir d'aisance et de bien-être, et nous nous rappelerons toujours avec plaisir le temps que nous avons passé avec d'aussi aimables hôtes.

A six heures du soir, après avoir pris congé de nos amis, nous dîmes adieu à l'île de Fernando-Po. M. Stockwell, qui retourne aussi en Angleterre, est à bord avec nous. Notre équipage se compose de sept matelots européens, deux nègres libres, un Krouman; plus, le capitaine du vaisseau et deux contre-maîtres. Deux matelots, Owen-William et Charles Hall, sont très-malades de la fièvre.

Dimanche, 23 *janvier*. — Le temps a été calme, et nous n'avons pas encore perdu de vue l'île de Fernando-Po. A midi, Owen-William est mort. Le service funèbre à été lu par M. Stockwell, avant que le corps fût jeté à la mer.

Mercredi, 26 *janvier*. — Wells, l'intendant du capitaine; John, le second contre-maître, et John Collins, matelot, ont été pris aujourd'hui de la fièvre. Sachant qu'en Afrique j'avais un peu pratiqué la médecine, on m'a prié de donner des soins aux malades. J'ai fait aux deux derniers une copieuse saignée, et leur ai posé des vésicatoires; M. Stockwell les a purgés. Charles Hall est un peu mieux.

Jeudi, 27 *janvier*. — John William, matelot, a eu un accès de fièvre. Je l'ai saigné de suite, et lui ai rasé la tête; M. Stockwell lui a administré une médecine. Le calme continue, nous sommes toujours en vue de l'île. La fièvre fait déjà de grands ravages parmi nous; ceux qui ne l'ont qu'intermittente, peuvent espérer se remettre, mais les autres ont peu de chances de guérison.

Dimanche, 30 *janvier*. — Smith, matelot, est pris de la fièvre. J'avais tout préparé pour le saigner, mais le pauvre diable n'a pas voulu y consentir; cependant, je suis parvenu à lui raser la tête, et à y appliquer un vésicatoire. A deux heures, après-midi, Wells, l'intendant du capitaine, est mort, au moment où je le soulevais pour lui faire prendre une potion. Tous nos hommes sont gissans dans tous les coins du vaisseau, en proie à la fièvre, faibles, abattus, et dans l'état le plus déplorable. Une terreur panique semble s'être emparée d'eux tous, et peut avoir les résultats les plus funestes. Nous avons résolu de leur cacher la mort du pauvre intendant; et, en conséquence, cette nuit nous avons porté le corps sur le pont, et l'avons fait glisser le long de la poupe dans la mer.

Vendredi, 4 *février*. — Le capitaine Garth est tombé malade à son tour, et John William est mort. Nous avons une continuation de beau temps; mais nous avançons peu vers la côte d'Amérique.

Dimanche, 6 *février*. — Le premier contre-maître vient d'être pris de la fièvre : il ne reste plus que trois noirs, mon frère et moi, pour manœuvrer le bâtiment; et de nous cinq il n'y a que le Krouman qui s'entende à gouverner. M. Stockwell est constamment occupé à soigner les malades.

Lundi, 7 *février*. — Le matelot Smith est mort. Par suite du triste état de l'équipage, je suis forcé de m'occuper, nuit et jour, de la manœuvre. Mon poste est au gouvernail, tous les soirs, jusqu'à minuit; j'y retourne à quatre heures du matin; je prends quelques minutes pour déjeûner, et le reste de mon temps se passe à veiller aux voiles et à visiter les malades. Mon frère en fait autant de son côté. Pour ajouter à nos misères, le vaisseau est tellement infesté de rats, qu'il est impossible d'habiter le bas. Quant à y dormir, il n'y faut pas songer. Nos pauvres malades sont sur le pont, couchés dans leurs hamacs; heureusement le temps a été passablement beau jusqu'à présent.

Lundi, 14 *mars*.—A la hauteur du cap Frio, ce soir, notre unique Krouman est tombé à la mer. Le pauvre diable criait de toutes ses forces, nous appelant à son secours, et quoique la marche du vaisseau ne fût pas très-rapide, il ne put rien saisir de tout ce qu'on lui jetta pardessus bord pour le sauver. Changer la direction du bâtiment, c'était mettre en danger nos mâts et nos voiles; et notre petit bateau faisait tellement eau, qu'il eût enfoncé de suite. Nous fûmes donc obligés de l'abandonner à son malheureux sort, le cœur nâvré de douleur; une heure après nous entendions encore ses cris. Rien n'est plus affligeant que d'assister à un accident de cette nature : voir un malheureux lutter inutilement pour s'accrocher à tout ce qu'on lui jette, pendant que le vaisseau le dépasse; le voir se débattre, tantôt caché par la vague, tantôt surgissant au-dessus, et ne pouvoir lui donner le moindre secours, tandis que ses cris, emportés par le vent, tour-à-tour se raniment ou s'affaiblissent, c'est une suite de sensations déchirantes, qu'il est impossible de décrire. Dans les circonstances actuelles, cet homme, le meilleur de nos noirs, est pour nous une grande perte.

Mardi, 15 *mars*.—Ce matin, une épaisse brume nous empêchait de voir la terre, dont cependant nous nous savions très-près. Le vent nous manqua toute la journée ; et, jetant la sonde, nous nous aperçûmes, à l'élévation progressive du fond, que nous dérivions rapidement vers le rivage. A cinq heures du soir, le vaisseau n'était plus qu'à un quart de mille de la terre, où nous apercevions trois grandes montagnes en forme de pain de sucre, et qui semblaient tout près de nous. La direction des bouées, et autres choses légères, que nous jetâmes à l'eau, ne nous permit pas de douter que nous portions sur des récifs, contre lesquels nous entendions distinctement la mer se briser. Un naufrage semblait inévitable : nous fîmes une tentative pour mettre la grande chaloupe en mer, comme dernier espoir de salut : mais nous ne pûmes réunir assez de forces pour la soulever. A ce moment critique, une brise qui souffla de terre vint nous arracher à la mort, et nous permit de gouverner le bâtiment.

Mercredi, 16 *mars*. — Le vent nous ayant favorisés, à deux heures après midi nous avons jeté l'ancre dans le port de Rio-Janeiro.

Jeudi, 17 *mars*.—Ce matin, nous sommes allés présenter nos respects à l'amiral Baker, commandant en chef de la station de l'Amérique méridionale; nous lui avons exposé notre situation et notre impatience de retourner en Angleterre. L'amiral nous a reçus avec la bienveillance et la cordialité qui caractérisent les marins anglais; il nous invita à dîner avec lui et ses officiers, et nous fit donner un passage sur le *William Harris*, transport du gouvernement, qui doit mettre à la voile dans un ou deux jours.

Dimanche, 20 *mars*. — Nous sommes partis cette après-midi. A peine hors du port, le vent nous a manqué, et nous avons eu un calme plat près de l'une des îles. Le courant nous portant vers la terre, on fut obligé de jeter l'ancre et de rester en panne pendant la première partie de la nuit. Vers une heure un vent violent s'éleva tout-à-coup, et rendit impossible de tenir sur l'ancre. On fit donc, sans perdre de temps, toutes les dispositions pour gagner le large. Il eût été trop long de lever l'ancre : le temps indispensable pour cette opération aurait mis le navire en danger, et, pour l'empêcher de dériver au rivage, il fallut couper le câble ; ce qui nous fit perdre l'ancre et environ quarante-cinq brasses de corde. Nous mîmes de suite les voiles dehors, mais ce ne fut pas sans peine que nous dépassâmes les terres sous le vent.

Jeudi, 9 *juin*. — Arrivés à Portsmouth après un ennuyeux voyage, nous avons débarqué gaîment, le cœur plein de reconnaissance d'avoir échappé à tant de dangers divers.

Vendredi, 10 *juin*. — J'ai laissé mon frère à Portsmouth, et suis arrivé ce matin à Londres par le courrier : j'ai remis à lord Goderich, secrétaire d'état au département des colonies, la relation de notre découverte.

NOTE DE L'ÉDITEUR. — Le lecteur se sera sans doute étonné de l'insouciance que témoigna le commandant du brick *le Thomas*, relativement aux engagemens contractés par Richard Lander, et à la promesse qu'avait faite ce dernier au roi Boy, de lui payer rançon, quand ce nègre le tira des mains des habitans d'Eboe. Cette conduite, qu'on ne peut expliquer qu'en l'attribuant à la détermination de Lake de ne pas se dessaisir des armes du bâtiment, malgré la certitude que tout ce qui aurait été donné serait fidèlement restitué au cap Coast, était de nature à compromettre et à faire révoquer en doute la bonne foi du gouvernement britannique, et eût certainement produit un très-mauvais effet, si, aussitôt l'arrivée de MM. Lander, des ordres n'eussent été immédiatement expédiés au cap Coast pour solder sans délai les sommes convenues, et dont la demande était juste et motivée.

APPENDICE.

N° 1.

Traduction d'une lettre du sultan de Yaourie, en Afrique, à Sa Majesté Britannique, apportée en Angleterre par Richard Lander et son frère, en juin 1831.

« Louange soit à Dieu, et salut et bénédiction à celui (le Prophète) auquel n'a succédé aucun autre Prophète !

« A notre ami, en Dieu et en son Apôtre (Mahomet), le prince des Chrétiens anglais, salut ! Que la miséricorde et les bénédictions de Dieu soient avec vous, selon le vœu de votre ami, le sultan de Yaourie, dont le nom est Mohammed Ebsheer. Honneur vous soit rendu, (et) que Dieu vous envoie d'heureux matins et d'heureux soirs, avec salutations réitérées (de nous).

« Après notre salut, vous recevrez (en présent) quelques plumes d'autruche (que nous avons en notre pays), de la grâce et de la bonté de Dieu. Et nous, ainsi que vous, remercions Dieu (de ce qu'il a donné). Salut soit aux gens à vos gages (votre suite), et la paix soit avec ceux qui louent Dieu. « (*Signée :*) DU PRINCE DE YAOURIE. »

OBSERVATION DU TRADUCTEUR.

L'original est ce que j'ai vu de plus défectueux en lettres africaines, comme grammaire et comme style. Sa Majesté de Yaourie semble en grande disette de mots pour se rendre intelligible.

Les mots entre parenthèses ne sont pas dans l'original.

A.-V. SALAMÉ.

N° 2.

Londres, 1er janvier 1830.

DÉPOT MILITAIRE.

Tiré des magasins de Sa Majesté, par ordonnance de l'Amirauté, en date du 18 décembre 1829, et remis à MM. Lander, partant pour faire un voyage de découvertes en Afrique.

Drap écarlate de sous-officier.	50 aunes.
Dito bleu gris.	10 aunes.
Mousseline rayée.	47 aunes.
Miroirs.	10.
Dito de qualité inférieure.	100.
Rasoirs communs.	50.
Ciseaux assortis.	50 paires.
Couteaux assortis.	60.
Peignes assortis.	100.
Verroteries.	38 livres.
Tabatières communes.	100.
Petit galon d'argent.	64 aunes.
Aiguilles assorties.	50,000.
Cors, cornets, avec bandoulières. . . .	2.
Calicot imprimé.	88 aunes.
Pipes d'Allemagne ou de Hollande. . .	100.
Médailles d'argent, grande dimension. .	2.
Pierres pour pistolets et fusils de chasse. .	150.
Moules à balles.	3.
Poires à poudre.	2.

Sacs à plomb.	2.
Plomb pour la chasse, en sacs.	364 livres.
Balles de plomb.	400.
Poudre en boîtes d'étain.	18 livres.
Fusils de chasse et fusils pour les chefs noirs.	14.
Pistolets.	2 paires.
Cuisine portative.	1.
Tente circulaire complète.	1.
Piquets et pieux.	40.
Maillets.	2.
Boussoles de poche.	4.
Thermomètres en boîtes de cuivre. . . .	2.
Montres d'argent communes.	3.
Fournitures de bureaux.	1 paquet.
Hamacs.	10.
Matelas.	10.
Tablettes de bouillon.	1 panier.
Thé.	6 livres.
Café.	10 livres.
Sucre.	20 livres.
Cadenas et clés.	7.
Tire-bouchons ordinaires.	3.
Baguettes à nétoyer les fusils.	12.
Cartouches.	400.
Assiettes d'étain.	6.
Haches.	2.
Scie.	1.
Gobelets d'étain.	2.
Boîte à briquet complète.	1.
Fil demi-blanc.	1 livre.

Éperons avec les attaches en cuir. . . .	2 paires.
Limes et scies à main.	6.
Livres-journaux grand in-4°.	2.
Dito memorandum.	2.
Courroies pour attacher les bagages. . .	1 ballot.
Couvertures.	24.
Draps d'hôpital.	24.
Lancettes dans leurs étuis.	6.
Traversins en crin.	2.
Fontaines épuratoires.	3.
Valises.	3.
Paniers contenant des objets de pharmacie.	7.
Caisses *id.* *id.*	2.
Caisse à fusil.	1.

Outre ces objets, les articles ci-dessous mentionnés ont été fournis aux voyageurs à leur arrivée au cap Coast-Castle, et présentés par eux au roi de Badagry :

40 fusils.
12 fusées pour signaux.
20 barrils de cartouches à balles.

N° 3.

Liste des objets de pharmacie remis à MM. Lander, prêts à partir pour une expédition en Afrique, avec les indications sur leur usage et la manière de les administrer.

Woolwich, 28 décembre 1829.

ARTICLES.	DOSES.	REMARQUES.
Calomel en 4 bouteilles. 1 livre.	De 5 à 10 grains.	Purgatif.
Extrait composé de coloquinte. 2 livres.	De 8 à 15 grains.	*Dito.*
Sulfate de magnésie (sel d'Epsom). 10 livres.	D'une demi-once à 1 once.	*Dito.*
Jalap en poudre, en bouteilles. 1 livre.	De 15 à 30 grains.	Purgatif, avec 2 ou 3 grains de gingembre.
Poudre de Sedlitz. 12 livres.	. . . .	Employé comme le jalap.
Tartre d'émétique. 1 once.	D'un à 3 grains dans 1 once d'eau.	Vomitif.
Ipécacuanha en poudre. 4 onces.	De 10 grains à 1 scrupule, dans 1 once d'eau.	*Dito.*
Poudre de James. 6 livres.	De 4 à 8 grains, toutes les 4 ou 6 heures.	Pour exciter la transpiration.
Acide citrique pour suppléer au jus de citron. 2 livres.	1 once dans 1 pinte d'eau.	Limonade.
Carbonate de Soude. 2 livres.	De 10 à 20 grains.	Employé comme le carbonate de potasse.

ARTICLES	DOSES.	REMARQUES.
Poudre composée d'ipécacuanha, ou poudre de Douvres. 1 livre.	De 10 grains à 1 scrupule dans un peu d'eau froide.	Pour exciter la transpiration dans les douleurs de rhumatisme, ou la dyssenterie violente, lorsque le malade est obligé de garder le lit.
Éther de nitre, ou esprit de nitre doux, en 2 bouteilles. 1 livre.	1 demi-drachme à 1 drachme, dans un peu d'eau froide, toutes les 4 heures.	Pour exciter la transpiration dans les rhumes et les fièvres sans beaucoup d'inflammation.
Crême de tartre.	. . . .	Pour faire des boissons acidulées.
Teinture d'opium, en chopines. 2 livres.	De 10 à 30 gouttes dans un peu d'eau.	S'administre comme calmant, principalement quand le malade est au lit.
Opium. 1 *livre.*	*D'un à* 3 *grains.*	*Calmant, comme le précédent.*
Éther vitriolique en 2 bouteilles. 8 onces.	D'un demi à 1 drachme, dans un peu d'eau.	Stimulant.
Esprit de corne de cerf. 1 livre.	1 demi-drachme à 1 drachme et demi dans un peu d'eau.	*Dito.*
Camphre. 4 onces.	En pilules du poids de 3 à 6 grains, à prendre de 6 en 6 heures.	Comme stimulant pendant la fièvre, quand la faiblesse est grande.
Pilules mercurielles, ou pilules bleues. 8 onces.	De 5 à 10 grains.	Purgatif doux dans les maladies bilieuses.
Mélanges d'aromates. 4 onces.	De 10 à 30 grains dans un peu d'eau de menthe.	Cordial à administrer dans le cas de grande faiblesse par suite de fièvre ou de dyssenterie, de 4 en 4 heures.

ARTICLES.	DOSES.	REMARQUES.
Racine de gingembre. 8 onces.	. . . .	Employer avec discrétion.
Racine de gingembre en poudre. 8 onces.	. . . .	*Dito.*
Huile de cinnamum. 2 onces.	. . . .	*Dito.*
Huile de menthe poivrée. 2 onces.	. . . .	*Dito.*
Poudre composée de chaux et d'opium. 2 boîtes d'étain.	1 à 2 scrupules dans un peu d'eau froide ou d'eau de menthe, à prendre toutes les 6 heures.	Astringent doux pour les diarrhées violentes ou la dyssenterie.
Teinture de cachou. 4 onces.	1 à 2 drachmes dans un peu d'eau de menthe ou de cinnamum, à prendre de 6 en 6 heures.	Astringent à employer comme le précédent.
Sulfate de quinine. 4 petites bouteilles. 4 onces.	De 2 à 5 grains, sous forme de pilules, à prendre toutes les 6 heures.	Comme fortifiant après la fièvre ou la dyssenterie.
Emplâtres-vésicatoires. 2 livres.	. . . .	Employer à discrétion.
Esprit-de-vin rectifié. 2 livres.	. . . .	*Dito.*
Liniment savonneux. 2 livres.	. . . .	Pour entorses, douleurs et contusions.
Acétate de plomb. 1 livre.	. . . .	Pour faire l'eau de Goulard.
Charpie. 8 onces.		

ARTICLES.	DOSES.	REMARQUES.
Cordon. 6 pièces.		
Deux peaux.	. . . .	Pour faire des emplâtres.
Calicot en bandes. 12 rouleaux.		
Flanelle en bandes. 12 rouleaux.		
Éponges. 6 paquets.		
1 seringue d'une pinte.		
2 petites seringues.		
1 spatule pour faire les bols.		
Épingles 6 paquets.		
Emplâtre agglutinative. 3 aunes.		
1 caisse de lancettes.		
Pilules apéritives. 1 boîte.		
1 mortier et 1 pilon.		

FIN DU TROISIÈME ET DERNIER VOLUME.

TABLE DES MATIÈRES

CONTENUES

DANS LE TROISIÈME VOLUME.

CHAPITRE XVI.

Pag.

Echange de canots. — Souliers de bois de Zangoshie. — Départ. — Difficulté d'obtenir des pagaïes. — La rivière au-dessous de Rabba — Une nuit sur l'eau. — Les hippopotames. — L'île Dacannie. — Progrès du mahométisme. — Sites et rives du fleuve. — Ile de Gungo. — Canots des naturels. — Manque d'interprète. — Naturels de Gungo. — Danger que court le canot. — Village submergé. — Hauteur de la rivière. — L'île Fofo. — Méthode des Fellans pour lever les impôts. — Embouchure de la Coudonnia. — Arrivée à Egga. — Le chef d'Egga. — Curiosité du peuple. — Visiteur important. — Craintes des bateliers. — Leur refus de poursuivre. 5

CHAPITRE XVII.

Départ d'Egga. — Une mouette. — Aspect de la rivière. — Arrivée à Kacunda — Maître d'école mahométan. — Les naturels. — Le frère du roi. — Détails sur les habitans des rives au-dessous de Kacunda. — Demandes superstitieuses du roi et du peuple. — La rivière Tshadda. — Départ de Kacunda. — Précautions contre une attaque. — Une nuit sur la rivière. — Passage devant la Tshadda. — Le roc des oiseaux. — Effroi des naturels. — Situation périlleuse des voyageurs à Bocquâ. — Renseignemens géographiques. — Départ de Bocquâ. — Villes d'Atta et d'Abbazacca. — Départ d'Abbazacca. — Halte des voyageurs à Damuggou. 51

CHAPITRE XVIII.

Pag.

Le chef de Damuggou. — Divinité fétiche. — Visite au chef. — Augure fâcheux du fétiche. — Promesse d'un autre canot. — Superstition *et crédulité du* peuple. — *Histoire du roi d'Atta.* — Anxiété des voyageurs. — La ville de Damuggou. — Ses ressources. — Châtimens. — Doutes élevés sur le succès des voyageurs. — Cérémonie d'adieux. — Départ de Damuggou — Compagnons de voyage. — Désastre de Kirri. — Récit de John Lander. — Le palaver, ou conseil. — Décision du conseil. — Le peuple d'Éboé. 113

CHAPITRE XIX.

Départ de Kirri. — Mode d'échange. — Caractère des naturels. — L'esclave *infortunée.* — Superstition des hommes des canots par rapport aux voyageurs blancs. — Brouillards épais. — Passage à travers un lac. — Arrivée à la ville d'Eboe. — Palais. — *Description du roi Obie.* — Entrevue avec ce monarque. — Peuple d'Eboe. — Ville. — Commerce. — Disputes ; débats entre les naturels au sujet des voyageurs. — Décision du roi Obie sur *leur sort.* — *Anxiété et désapointement.* — Une dame d'Eboe. — Préparatifs de départ. 176

CHAPITRE XX.

Départ d'Eboe. — Addizetta. — Cérémonies superstitieuses. — Passagers du canot. — Bords du fleuve. — Première apparence de marée. — Rencontre du chef de la ville de Brass. — Description du roi Forday. — Cérémonie fétiche. — Procession de canots se rendant à la ville de Brass. — Arrivée. — Description de la cité. — Productions du pays. — Maison du roi. — Les voyageurs sont négligés. — Entrevue avec le roi Forday. — Préparatifs pour quitter la ville de Brass. 238

CHAPITRE XXI.

Richard Lander quitte la ville de Brass. — Idée des naturels sur un écho. — Arrivée à bord du brick anglais dans la

Pag.

rivière de Nun. — Réception. — Désapointement de Richard Lander. — Conduite du commandant du brick. — Anxiété de Richard. — Arrivée de John Lander au vaisseau. — Narration de ce dernier. — Situation de l'équipage. — Conduite du capitaine. — Efforts infructueux pour sortir du fleuve. — Situation périlleuse du brick. — Un vaisseau de guerre. — Arrivée à Fernando-Po. — Description de Clarence. — Naturels de l'île. — Golfe de Guinée. — Tornados. — La rivière de Calabar. — Ville d'Ephraïm. — Passage à Rio-Janeiro. — Retour en Angleterre. 271

APPENDICE. 385

FIN DE LA TABLE DU TROISIÈME ET DERNIER VOLUME.

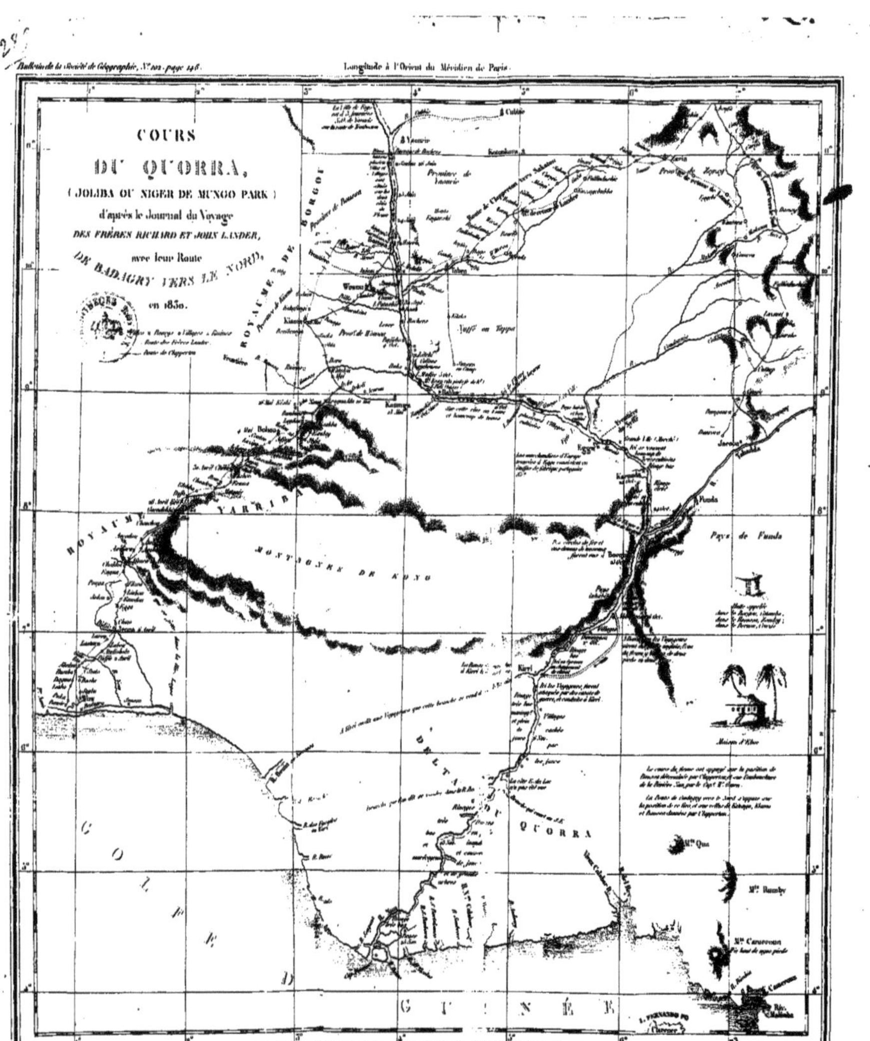
Bulletin de la Société de Géographie, N.° 102. page 146.
Longitude à l'Orient du Méridien de Paris.
COURS
DU QUORRA,
(JOLIBA OU NIGER DE MUNGO PARK)
d'après le Journal du Voyage
DES FRÈRES RICHARD ET JOHN LANDER,
avec leur Route
DE BADAGRY VERS LE NORD,
en 1830.
ROYAUME DE BORGOU
YARRIBA
MONTAGNES DE KONG
DELTA DU QUORRA
Pays de Funda
Maison d'Eboe
G O L F E
G U I N É E
1/12

www.ingramcontent.com/pod-product-compliance
Ingram Content Group UK Ltd.
Pitfield, Milton Keynes, MK11 3LW, UK
UKHW020259230726
13925UKWH00001B/137